ÉTUDE

SUR LE

CHAMPIGNON DES MAISONS

(MERULIUS LACRYMANS)

DESTRUCTEUR DES BOIS DE CHARPENTES

PAR

J. BEAUVERIE

DOCTEUR ÈS SCIENCES

CHARGÉ D'UN COURS DE BOTANIQUE APPLIQUÉE A L'UNIVERSITÉ
DE LYON

LYON

A. REY ET CIE, IMPRIMEURS-ÉDITEURS

4, RUE GENTIL, 4

1903

ÉTUDE

SUR LE

CHAMPIGNON DES MAISONS

(MERULIUS LACRYMANS)

DESTRUCTEUR DES BOIS DE CHARPENTES

ÉTUDE

SUR LE

CHAMPIGNON DES MAISONS

(MERULIUS LACRYMANS)

DESTRUCTEUR DES BOIS DE CHARPENTES

PAR

J. BEAUVERIE

DOCTEUR ÈS SCIENCES

LYON

A. REY ET CIE, IMPRIMEURS-ÉDITEURS

4, RUE GENTIL, 4

1903

ÉTUDE

SUR LE

CHAMPIGNON DES MAISONS

(*MERULIUS LACRYMANS*)

DESTRUCTEUR DES BOIS DE CHARPENTES

Les maisons sont comme les gens, susceptibles de maladies. Des parasites divers et multiples peuvent s'attaquer à leur corps et leur faire plus ou moins de mal, suivant les conditions dans lesquelles elles se trouvent. Nous pouvons poursuivre notre comparaison et dire que, pour les maladies des maisons comme pour les maladies des animaux, il existe un état de réceptivité, résultant d'un ensemble de conditions favorables au parasite qui en font une proie plus ou moins facile pour les envahisseurs. Ces envahisseurs sont le plus souvent ou des insectes ou des champignons.

Il n'entre pas dans le cadre de cette étude de les décrire tous. Nous parlerons seulement ici du plus terrible d'entre eux : le *Meruliuslacrymans*, que les Allemands désignent sous le nom de « echte Hausschwamm » : le véritable champignon des maisons. Les dégâts qu'il cause se chiffrent par millions, sa présence a été constatée un peu partout et ses ravages sont de plus en plus graves. Dans certaines villes, il produit de véritables épidémies, causant rapidement l'effondrement des maisons qu'il attaque ou nécessitant, du moins, une réfection totale des charpentes et boiseries ; à Breslau en Silésie, notamment, le champignon s'est propagé de maison en maison et de rue en rue, causant de vrais désastres. Mais l'existence de ce champignon n'est pas une chose nouvelle, il ne constitue pas un triste privilège de notre époque; on l'a signalé il y a déjà longtemps: Boussingault rapporte le cas d'un magnifique navire de guerre de quatre-vingts canons, le *Formidable,* qui fut détruit peu de temps après sa construction, par le Merulius. Beaucoup d'autres faits de destruction prompte et singulière de bâtiments en bois, que l'on voit incidemment cités à des périodes plus ou moins éloignées de notre histoire, doivent vraisemblablement, être rapportés à cette même cause, que l'ignorance de nos pères en Mycologie, faisait méconnaître.

Bien souvent encore aujourd'hui, on attribue à des causes variées des méfaits dont le Merulius est bien l'auteur, tout simplement parce que les techniciens ne sont pas prévenus et ignorent ce champignon.

Il est certain que les cas de destruction par le Merulius sont plus fréquents à notre époque qu'autrefois. Cela tient, comme nous l'expliquerons plus loin, à la trop grande rapidité avec laquelle on procède à l'édification des maisons, sans laisser un temps suffisant pour que les matériaux se dessèchent avant l'achèvement.

Il est du plus haut intérêt pour les propriétaires, les architectes et les entrepreneurs d'être documentés le mieux possible sur ce champignon, car son existence amène fréquemment entre eux des contestations et des procès. Le propriétaire peut refuser le paiement d'une maison, gravement atteinte par le Merulius avant l'expiration du délai de garantie. Cela d'après les lois en vigueur, non seulement en France, mais encore dans d'autres pays, en Allemagne par exemple.

L'article 1792 du Code civil est ainsi conçu : « Si l'édifice construit à prix fait périt en tout ou partie par le vice de la construction, même par le vice du sol, les architectes et entrepreneurs en sont responsables pendant dix ans. »

On ne sera pas étonné si, après les graves mécomptes causés par l'emploi du bois dans les constructions, on tend de plus en plus à le remplacer par le fer et le ciment armé. Ces matériaux ont cependant leurs défauts et les techniciens reviendraient certainement sans arrière-pensée à l'usage du bois pour les charpentes, si on pouvait leur donner des moyens certains d'éviter le fâcheux Merulius. Cette question est donc du plus grand intérêt pour tous ceux qui s'occupent du commerce des bois, actuellement un peu menacé, du moins du côté de certains débouchés, car d'autres considérables lui ont été ouverts récemment, comme par exemple, la fabrication de la pâte de cellulose pour la confection du papier et autres objets manufacturés.

Nous pensons avoir suffisamment indiqué l'importance de la question du *Merulius lacrymans* et sa portée pratique.

Dans la première partie de ce travail nous ferons l'étude botanique proprement dite du champignon et nous exposerons les notions scientifiques actuellement acquises à son sujet; dans la deuxième partie, nous envisagerons plus spécialement le côté pratique de la question en traitant de la technologie, c'est-à-dire, dans l'espèce, l'application des données scientifiques à l'art des constructions.

Notre attention était depuis longtemps attirée sur ce sujet. Nous eûmes l'occasion de constater l'importance des dégâts causés par le Merulius, à Lyon même et particulièrement dans les environs de cette ville ; à Montchat, dans deux habitations, là nous pûmes voir les lambris et les parquets, disjoints sous la poussée du champignon et dans un tel état que la réfection des boiseries et d'une partie des charpentes de ces maisons, neuves d'ailleurs, s'imposait. Des architectes de notre ville, voulurent bien nous communiquer des matériaux largement contaminés, tout en nous faisant part des dégât importants causés par le champignon. La Société des Naturalistes de Chalon-sur-Saône nous communiquait récemment des faits semblables. On nous signalait encore le cas de maisons de Besançon, construites depuis moins de deux ans, dont les planchers s'étaient d'abord incurvés d'une façon inquiétante sans qu'on soupçonnât la cause du phénoméne et qui s'étaient finalement complètement abîmés, alors que l'on reconnaissait, mais trop tard, le Merulius comme étant l'agent de la catastrophe. Nous eûmes aussi connaissance de faits analogues dans le Dauphiné. Enfin, il y a deux ou trois ans, nous pûmes voir, le plus bel exemple de développement du Merulius : Nous visitions en curieux l'ancienne prison d'Annecy, actuellement monument historique et connu sous le nom de Palais de l'Isle. Ces vieux bâtiments sont construits sur le canal du Thiou qui se déverse dans le lac. Les fondations et les murailles sont constamment battues par les eaux du canal et tandis que l'humidité s'élève des parties basses, l'eau du ciel pénètre largement par les fissures nombreuses des toits et par les lézardes des murs. En somme, cette ancienne prison offre maintenant les conditions les plus favorables au développement du Merulius qui s'y est installé en maître. Il étale au grand jour, sur les planchers, ses appareils fructifères d'un jaune roux, qui y atteignent des diamètres inaccoutumés de 1, 2, ou 3 mètres quand ils sont convergents. Les bois attaqués perdent toute solidité et deviennent après quelque temps, complètement friables, ils se réduisent en poussière au moindre contact, aussi fait-on cheminer le visiteur sur des planches neuves, jetées d'un mur de pierre à un autre mur de pierre.

Tous ces faits ayant sollicité notre attention, nous cherchâmes dans la bibliographie ce qui avait été écrit sur le Merulius. Nous ne trouvâmes à peu près rien dans la littérature française ; à signaler seulement, une mise au point de la question dans le *Traité des maladies des plantes agricoles* de M. Prillieux et une notice de M. E. Henry, professeur à l'Ecole forestière de Nancy, intitulée *La lutte contre le champignon des maisons, expériences récentes*. Par contre, la littérature allemande est très riche, et nombreux sont les savants, comme Hartig, Göppert, Poleck, von Tubeuf, etc., qui ont exercé tour à tour leur sagacité sur cet important sujet. Hartig est le savant qui a apporté la plus vaste contribution à la connaissance de cette question. Nous avons dépouillé ce qu'il y a de plus important dans ces œuvres allemandes, dans le but d'intéresser les mycologues et d'être utile aux commerçants et industriels français dont les intérêts se rattachent à la question des bois.

PREMIÈRE PARTIE

ÉTUDE BOTANIQUE

Répartition géographique.

Encore que l'on n'ait pas toujours rapporté à leur véritable cause, les accidents dus au Merulius, la présence de celui-ci a été constatée dans de nombreuses contrées : en Allemagne, en Russie et en Sibérie, en Suisse, en Autriche-Hongrie où le ministère de la guerre a, paraît-il, éprouvé de grands déboires dans les constructions de baraquements en Galicie ; dans l'Amérique du Nord, l'Inde et l'Afrique. On n'a pas constaté sa présence dans l'Ile de Java cependant particulièrement bien explorée au point de vue botanique. Il existe aussi en France, nous avons déjà cité un certain nombre de cas où nous pûmes l'observer dans des régions diverses ; M. E. Henry pourrait citer à Nancy plus de vingt maisons où l'invasion de cette peste a nécessité des réfections coûteuses et provoqué de nombreux procès.

Le Merulius lacrymans dans la nature.

Si l'on rencontre trop fréquemment ce champignon dans nos maisons, du moins ne l'a-t-on observé que très rarement dans la nature.

On peut citer à ce sujet les observations de Ludwig, qui le trouve en 1882[1] sur des conifères aux environs de Greiz ; de Schneider qui le trouve en 1886[2], sur de vieilles souches d'arbres ; de Hartig 1887[3] ; de Magnus, qui le signale plusieurs fois entre 1880 et 1890[4] ; von Tubeuf l'a rencontré également sur des

[1] N° 13.
[2] N° 22.
[3] N° 23.
[4] N° 26.

souches déjà mortes. En somme, ce champignon est fort rare dans la nature, il semble y vivre à l'état de saprophyte, c'est-à-dire aux dépens de plantes déjà mortes et non, de parasite. Cependant Hennings 1891[1], prétend que le mycelium de ce champignon existe fréquemment à l'état de parasite dans les troncs des arbres en forêt et qu'il est apporté avec eux dans les villes. Cette opinion n'est basée, ni sur l'observation directe du champignon dans le bois des arbres vivants des forêts, ni sur l'expérimentation. En se servant de cette dernière méthode, von Tubeuf, 1902[2], a recherché si ce parasitisme était bien réel. Il a essayé d'inoculer le champignon à des arbres vivants, utilisant pour ses expériences de jeunes pins et sapins, cultivés en pots et sous cloche, pour les mettre à l'abri de germes apportés par l'air. Il a fait, en outre, une série de boutures de peuplier et de saule, dont la surface de coupe était au contact d'un sol, largement contaminé par la présence de fragments de bois, très envahis par le Merulius. Ces expériences n'ont pas donné de résultats positifs et doivent être poursuivies. Quoi qu'il en soit, on peut dire que l'hôte terrible de nos habitations est rare en forêt et qu'il y est peu dangereux.

On a pu remarquer, que la répartition géographique du champignon dans les maisons affectait surtout les pays septentrionaux et froids, comme la Russie, la Sibérie, l'Allemagne, etc, Cette observation avait suggéré à Hartig[3] l'hypothèse que le champignon doit exister dans la nature, surtout dans les pays plus méridionaux et par suite plus chauds, tandis que dans les contrées froides, il recherche l'abri, la chaleur et l'humidité dont il a besoin, dans l'intérieur des habitations. On a même essayé de faire cadrer cette hypothèse avec la présence en forêt du Merulius, même dans les pays septentrionaux en disant qu'il aurait été transporté des maisons dans celles-ci, d'une façon accidentelle. En résumé, il est rare en forêt où on l'a trouvé sur des arbres déjà morts, mais il n'est point démontré que des troncs abattus bien vivants puissent apporter avec eux le Merulius dans l'intérieur de leur substance,

[1] No 29.
[2] No 45.
[3] No 20

Place du Merulius dans la classification.

Le *Merulius lacrymans* (Wulf.), Schum. comporte la synonymie suivante : *Serpula lacrymans*(Wulf.), *Merulius destruens* Pers., *Merulius vastator*, Tode. — Les Allemands le désignent couramment sous le nom de « Hausschwamm » c'est-à-dire champignon des maisons.

Sa place dans la systématique est la suivante :

I. Eumycètes; *a)* Eubasidiés ; *α*). Autobasidiomycètes. Famille des Polyporées, caractérisée par le fait que l'hymenium tapisse l'interieur de tubes creusés dans l'appareil fructifère.

Genre Meruliae. — L'appareil fructifère est superficiel par rapport au substratum, sur lequel il est immédiatement placé, sans l'intermédiaire d'un pied. Les tubes hyméniaux sont réduits à de simples dépressions.

Espèce : *Merulius lacrymans*. Ce champignon émet, lorsqu'il végète en milieu humide, de nombreuses gouttelettes de liquide. Fréquent dans les maisons, rare en forêt.

Caractères botaniques : Morphologie

1° Le **Mycelium** est d'un blanc pur ou rougeâtre ou même gris jaune. Quand le champignon est âgé, il conserve cette dernière colo-

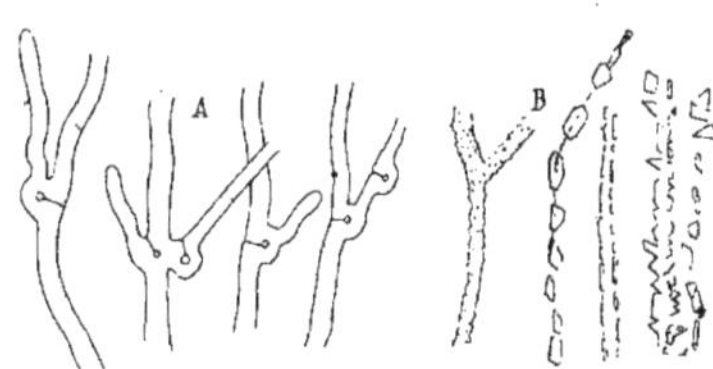

Fig. 1.

A. *Mycelium* avec les boucles caractéristiques.
B. *Mycelium* avec cristaux d'oxalate de chaux.

ration. Les filaments restent rarement isolés, ils se réunissent généralement en lames ou peaux, parfois très minces. Lorsque le champignon végète entre un mur et ses boiseries, il ne peut, le plus souvent, atteindre qu'une faible épaisseur, par contre les peaux qu'il produit s'étendent indéfiniment dans tout l'espace qui lui est offert. En milieu humide et lorsqu'il en a la place, le mycelium forme comme une fine toile d'araignée ou prend l'aspect de l'ouate.

Ces toiles feutrées, ces peaux, peuvent se continuer par place,

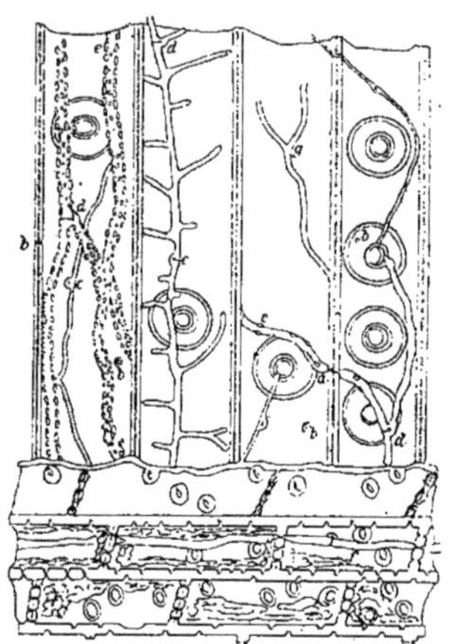

FIG. 2.

Coupe longitudinale dans un fragment de bois de pin, attaqué par le Merulius. Dans la partie inférieure de la figure se trouve un rayon médullaire dont les cellules montrent un hyphe *f* et du protoplasma. Dans l'intérieur des vaisseaux, on aperçoit les filaments myceliens qui perforent parfois la paroi, comme en *a* On voit en *b* des pores dans la membrane qui ont servi de passage à des filaments, qui se sont ultérieurement désorganisés. Les filaments présentent les boucles caractéristiques *c c*, qui donnent souvent naissance à de nouveaux rameaux *d d*. De nombreux cristaux d'oxalate de chaux incrustent la membrane de certains hyphes *e e*. Ils persistent quelque temps après la désorganisation des hyphes et en marquent la trace (d'après Hartig).

en *cordons* blancs légèrement grisâtres, qui s'étendent au loin et vont s'épanouir en lames feutrées ou en toiles déliées, sur les pièces de bois, les murs, les pierres, le sol, etc. Ces cordons peuvent s'épaissir et acquérir le diamètre d'un crayon, ils sont alors durs et résistants et ressemblent beaucoup à ces formations assez fréquentes chez quelques champignons comme l'Agaric de miel *(Armil laria mellea)* que l'on désigne sous le nom de rhizomorphe. Ils peuvent se ramifier plus ou moins. Ludwig les signale dès 1882 [1] et constate leur rôle utile pour la conservation du champignon. Ces cordons peuvent en effet, résister, à des conditions passagèrement mauvaises, particulièrement à la sécheresse qui tue si rapidement les filaments mycéliens isolés, à tel point qu'une exposition d'une dizaine de minutes, dans une atmosphère sèche, suffit à détruire en eux toute vitalité. Cette faculté de résistance des cordons mycéliens, permet d'expliquer la promptitude de l'envahissement d'une maison où le mal sommeillait parce que l'atmosphère était trop sèche. Survienne une période d'humidité pour une cause quelconque, immédiatement les cordons myceliens qui restaient inactifs épanouissent dans tous les sens des filaments qui ne tarderont pas à se feutrer en larges peaux gagnant toujours entre les boiseries et les murs ou sous les parquets, etc. Ces organes permettent la conservation du champignon, non seulement dans le temps, mais encore dans l'espace; grâce à eux, le champignon peut s'étendre d'une région humide à une autre région humide en traversant un espace peu favorisé à ce point de vue.

La structure de ces cordons est des plus curieuses. Hartig [1] en a fait l'étude. La figure 3 et sa légende que nous donnons d'après cet auteur, peuvent en donner une idée. Le mycelium se trouve, le plus souvent, dans l'intérieur du bois où il pénètre et chemine en utilisant les vaisseaux, passant de l'un dans l'autre en utilisant les parties moins épaisses qui constituent les ponctuations (voir fig. 2), ou en perforant directement la membrane *(b)*. Ce passage s'effectue par suite d'une action mécanique et aussi, en vertu d'une action chimique qui consiste dans la désorganisation locale de la membrane, par différentes diastases sécrétées par le mycelium au niveau de son extrémité. Lorsque les conditions ambiantes sont favorables et notamment lorsque le milieu est très humide, le mycelium sort du bois et vient s'épanouir ou s'étaler à sa surface, du côté opposé à la lumière. Dans les milieux humides, le mycelium laisse suinter à sa surface des gouttelettes de liquide, il pleure, d'où son nom de *lacrymans*.

[1] N° 13.
[1] Nos 21 et 47.

Une particularité morphologique, spécialement intéressante de ce mycelium, est la présence de *boucles (Schnallenzellen* des Allemands).

Elles sont constituées par une dilatation latérale formée, d'un petit tube en demi-cercle, reliant deux cellules contiguës d'un même filament.

A vrai dire, on trouve ces formations fréquemment sur le myce-

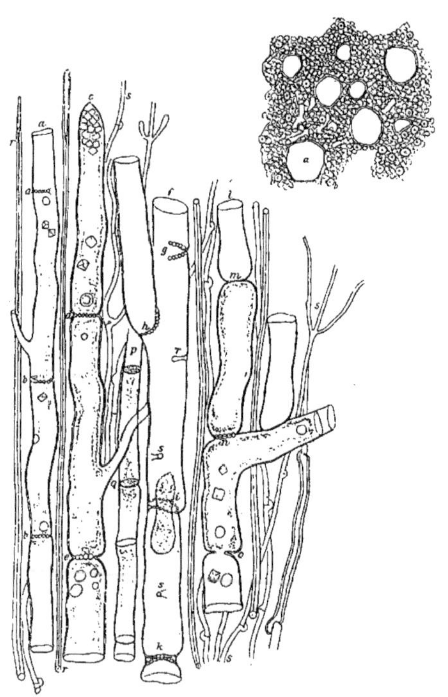

Fig. 3.

Coupes transversale et longitudinale dans un cordon mycelien. On peut comparer cette structure à celle d'un massif libérien de plante supérieure. Alors, *a* correspond aux vaisseaux; *b*, aux fibres de prosenchyme; *c*, au parenchyme. (d'après Hartig).

lium de beaucoup d'Hymenomycètes, dont plusieurs espèces, d'ailleurs, peuvent attaquer les bois comme le Merulius, mais d'une façon moins dangereuse. Cependant, ces boucles présentent une particularité chez le Merulius, grâce à laquelle on peut le distinguer avec certitude, même dans le plus petit fragment de bois atteint. C'est la suivante : l'anse tubuleuse ne tarde pas à donner naissance à une ramification latérale qui produira à son tour des boucles semblables, (Figure 1 *A*). Hartig[1] pense que l'on peut attribuer à ces boucles, une signification sexuelle; il y aurait là un processus de fécondation. Les études plus récentes permettent de dire qu'il y a là un simple phénomène de fusion par anastomose, phénomène fréquent chez les champignons, grâce auquel, la plante, suppléant à l'insuffisance des communications protoplasmiques intercellulaires, met en commun l'énergie de ses éléments et favorise le développement par une diffusion plus facile de l'aliment. Mais il ne se manifeste pas dans ce cas ces fusions de noyaux qui caractérisent le processus sexuel.

Dans les parties âgées du mycelium, celui-ci se recouvre extérieurement de cristaux, plus ou moins gros, d'oxalate de chaux, qui subsistent en traînées de longueur variable, alors même que le filament a complètement disparu, ils en constituent alors la trace. (Figures 1 B et 2 d).

Dans les filaments mycéliens qui se trouvent dans le bois, le protoplasma émigre toujours vers l'extrémité en voie de croissance, tandis que le reste du filament se vide et meurt. C'est vers cette pointe que se porte toute l'activité vitale du champignon : là, il sécrète les diastases, grâce auxquelles il désorganise les parois ligneuses et pénètre dans l'intérieur des vaisseaux et des fibres. Il peut arriver que l'on ne trouve plus le mycelium dans le bois désorganisé, mais il ne faut pas s'y méprendre et conclure de cette absence que le champignon n'y a jamais existé. Cette absence tient à ce que le mycelium se désorganise, puis disparaît assez promptement dans les parties de bois déjà tuées. Diverses réactions chimiques ou physiques, que nous indiquerons plus loin, permettent d'établir que le champignon a passé par là.

On remarque, dans certaines conditions, l'apparition d'hyphes, de couleur jaune dans le mycelium complètement blanc. Ils sont

[1] N° 20.

remplis d'un protoplasma dense et de masses d'un jaune intense et d'aspect homogène. Cette substance ne disparaît pas dans l'alcool, mais elle se décolore dans le chloroforme. L'acide osmique la colore en bleu sombre ou en noir ou brun noir, tandis que les hyphes blancs ne donnent aucune de ces réactions. Von Tubeuf conclut que la coloration jaune de ce filament est due à la présence d'une huile disposée, non en gouttelettes, mais en masses.

Le mycelium est encore pourvu d'organes de conservation que l'on appelle **Chlamydospores** (fig. 4 B), ce qui veut dire « spores à manteau »; elles possèdent, en effet, une membrane épaisse. Elles se produisent, le plus souvent, aux dépens des filaments dont l'ensemble revêt l'aspect de l'ouate. En certains points de ces filaments,

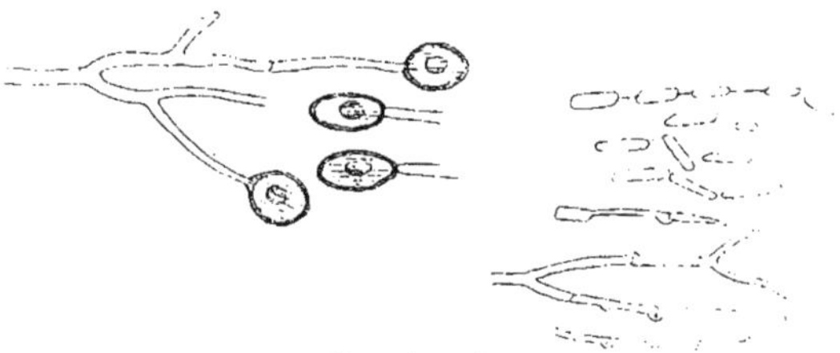

Fig. 4. et 5.
Forme conidienne (d'après Wehmer).
Les chlamydospores et leur germination (d'après von Tubeuf).

le protoplasma se condense, lorsque commence à s'épuiser le milieu nutritif, il s'entoure d'une membrane assez épaisse, tandis que les autres parties du filament ne tardent pas à disparaître. Les chlamydospores ainsi isolées sont résistantes et germent, lorsque les conditions le permettent, soit: quand on les transporte sur un nouveau milieu nutritif, en donnant un filament qui présente bientôt les boucles caractéristiques. L'existence de ces chlamydospores peut s'apprécier à l'œil nu, lorsqu'elles sont en masse, par l'aspect enfariné qu'elles donnent au mycelium.

Wehmer[1] a signalé une autre différenciation du mycelium qui servirait à la reproduction et constituerait de véritables **Conidies**

[1] N° 34

(Fig. 4). Cet auteur eut l'occasion d'observer directement le champignon dans de grands bâtiments construits depuis deux ans environ dont les boiseries et planchers étaient complètement détériorés par le développement du cryptogame. Il trouva des filaments myceliens qui se terminaient par des cellules ovales ou en boules, de couleur brune, ayant 15 μ 5 $\times$ 6 μ, c'est-à-dire des dimensions se rapprochant beaucoup de celles des basidiospores, soit : 10-11 $\mu \times$ 5-6 μ. Il trouva ces formations dans plusieurs chambres, à l'exclusion de l'appareil fructifère proprement dit. Von Tubeuf[1] révoque en doute la continuité de cet appareil conidien avec le Merulius. Wehmer a fait des observations directes et non des cultures pures qui seules auraient pu lui permettre

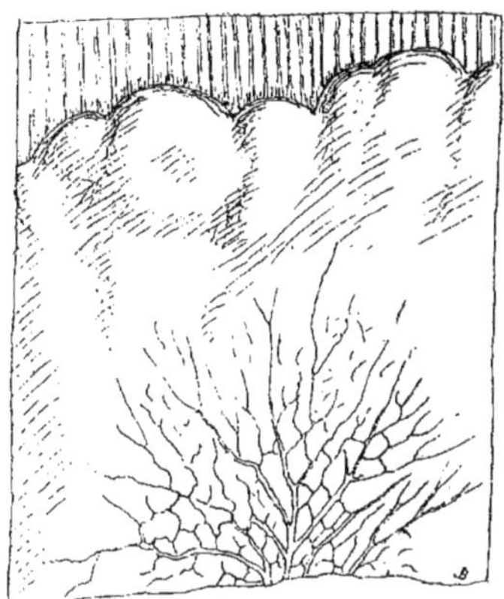

Fig. 6.

Sur le mycelium, fortement développé du Merulius et présentant l'aspect de l'ouate, commence à se former, par suite de l'exposition à la lumière, l'ébauche du réseau de l'appareil fructifère. Elle se détache en jaune sur le Mycelium blanc ou légèrement gris.

d'affirmer avec certitude. Il a pu attribuer, par exemple au Merulius, des fructifications d'un champignon à lui superposé.

De plus Wehmer n'a ni mentionné ni figuré les boucles caractéristiques ; ni Hartig, ni Brefeld, ni Von Tubeuf n'ont pu observer,

[1] Nos 45 et 47.

ni obtenir ces formations, soit dans leurs observations directes, soit dans leurs cultures. J'ajouterai, cependant, qu'il est digne de remarque que Hartig[1] parle de renflements terminaux du mycelium, séparés par une cloison. Ces cellules sont peut-être les conidies de Wehmer?

Lorsque le mycelium vient s'étaler à la lumière et à l'air libre, il ne tarde pas à donner naissance à l'**Appareil fructifère**, caractéristique de l'espèce. Ces fructifications se produisent sur les peaux feutrées qui couvrent la surface des bois ou des murs humides. Ce sont généralement de larges plaques de formes assez irrégulières, mais à contour le plus souvent arrondi. Elles sont d'abord blanches comme de la craie et prennent, dans les parties centrales, une couleur rougeâtre et finalement brun orange, en même temps la surface se couvre de plis sinueux, se réunissant en réseau (fig. 6) dont les mailles circonscrivent des dépressions que l'hymenium ne tarde pas à tapisser (fig. 7). Ces mailles peuvent avoir 1 à 2 millimètres de diamètre et parfois un peu plus. Ces appareils fructifères atteignent souvent un demi-mètre de diamètre, mais dans des conditions très favorables ils peuvent avoir une largeur encore plus considérable, comme nous le disions plus haut. La portion externe limitante, reste blanche ou rougeâtre et toujours stérile, elle donne en milieu humide des gouttelettes de liquide comme le mycelium. Le stroma qui supporte le réceptacle, forme un coussinet où le mycelium circonscrit des espaces aérifères, tandis que la partie qui soutient immédiatement l'hymenium est de consistance plus ou moins gélatineuse.

L'hymenium lui-même est constitué par des basides claviformes (fig. 8, A) placées côte à côte et portant des spores elliptiques ou ovoïdes, un peu bombées d'un côté et concaves de l'autre (fig. 8, B).

Elles ont 10-11 μ de long sur 5-6 μ de large[2]; leur forme est ovoïde ou légèrement réniforme; elles sont d'un brun jaune et contiennent fréquemment dans leur protoplasma une ou plusieurs gouttelettes huileuses, véritables substances de réserve qui seront

[1] N° 20.

[2] Rappelons que le μ est le signe de l'unité de mesure employée en micrographie et qu'il équivaut à 0,001 mm.

utilisées lors de la formation du tube germinatif telle est du moins l'opinion exprimée par Hartig ; A. Möller[1], dans un travail très récent (février 1903), dit que le protoplasma normal est homogène et que les gouttelettes d'huile apparaissent seulement dans le cas de spores malades ou déjà mortes. Il dit qu'il n'a pas constaté l'utilisation de ces gouttelettes au moment de la germination, d'ailleurs, lorsque dans une gouttelette placée sur le porte-objet,

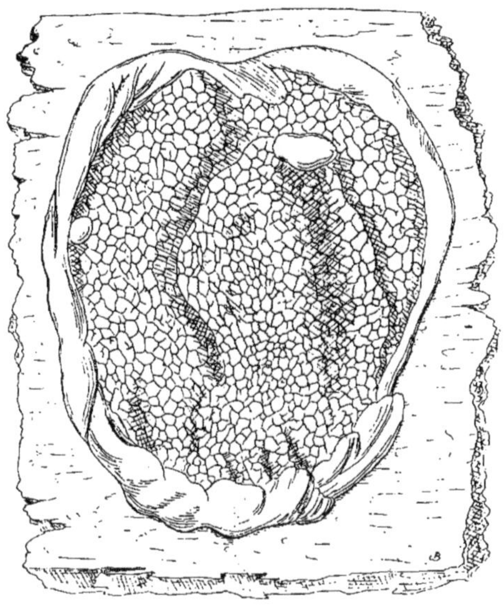

FIG. 7
Appareil fructifère du *Merulius lacrymans*

se trouvent les deux sortes de spores, avec et sans gouttelettes d'huile, seules ces dernières germent. Ces spores, forts petites, ne sont pas visibles à l'œil nu, mais elles se produisent en prodigieuse quantité et leur ensemble constitue une poussière brune qui se dépose sur les objets environnants et parfois à de grandes distances, Il est quelquefois possible de reconnaître au microscope l'existence de ces spores sur de vieux bois pourris provenant de démolitions.

[1] N° 48.

Ces spores germent sur les bois, pourvu qu'ils soient humides, elles émettent vers une de leurs extrémités, un tube mycelien qui ne tarde pas à pénétrer dans l'intérieur du bois; là, le champignon poursuit activement son évolution. Poleck a pu observer directement la germination simultanée d'un très grand nombre de spores répandues sur un bois humide Il est également assez facile d'obtenir la germination des spores sur différents milieux artificiels, mais on n'arrive pas à avoir un développement bien considérable du champignon pour qui le bois paraît réaliser le milieu de culture par excellence. Ces spores conservent fort longtemps leur faculté germinative : Hartig[1] en a vu germer après plus de sept ans; il relate

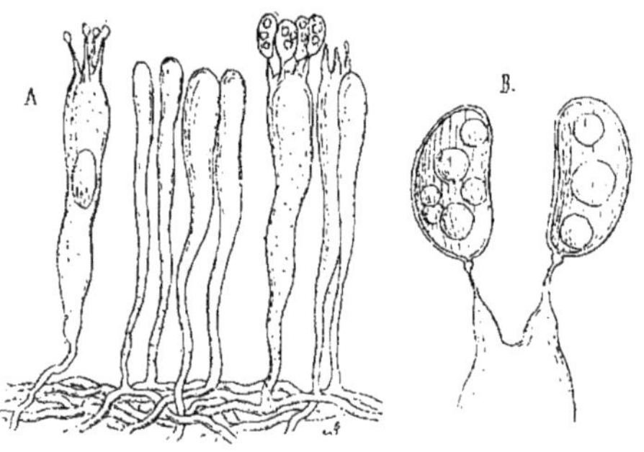

FIG. 8

A. L'hymenium. B. Baside et basidiospores.

le cas de germination de spores dont l'âge avait pu être évalué à quarante années!

Etudions maintenant la **Constitution chimique** du Merulius. Cette étude pourra nous fournir des indications concernant l'alimentation de ce champignon.

L'analyse chimique du Merulius a été faite par Poleck[2]. Il est, comme tous les champignons, très riche en eau ; diverses recherches ont donné 48 %, 60%, 68 % de ce liquide. Après dessiccation à 100 degrés, on trouve qu'il contient 4,9 % d'azote et 15,2 %

[1] Nos 20 et 47.

[2] Nos 18 et 19.

de graisses, du groupe des glycérides, le plus souvent. C'est un des champignons les plus riches en graisse et en azote. Il est cependant notablement surpassé, au point de vue de la teneur en graisse, par les sclérotes du *Claviceps purpurea* (ergot du seigle), qui en renferment 50 %; on y trouve, en outre, plusieurs acides, un principe amer et une sorte d'alcaloïde qui donne un précipité avec le molybdate de phosphore et la solution d'iode.

Poleck a, d'autre part, déterminé la *composition minérale* du champignon. Il a constaté que cette composition variait beaucoup. suivant que l'on avait affaire au mycelium non fructifié, par exemple, à celui que l'on peut trouver derrière une planche, du côté opposé à la lumière, ou suivant que l'on analysait, au contraire, le mycelium produit face à la lumière et commençant à fructifier, ou bien encore suivant qu'il s'agissait d'un appareil fructifère parfaitement développé.

On remarque dans le tableau d'analyse que donne Poleck [2], que le mycelium non fructifié contient à peu près exclusivement du phosphate de fer 50,34 % et du phosphate de chaux 24,16 % insolubles, tandis que ces sels manquent dans les appareils fructifères où ils sont remplacés par une énorme quantité de phosphate de potasse : 74,69 %.

En somme, les substances minérales qui dominent dans le champignon, sont : le *Potassium* qui abonde surtout dans l'appareil fructifère et l'*Acide phosphorique* qui se trouve surtout dans le mycelium. Par son contenu en potasse, le Merulius dépasse les autres champignons, même la Truffe, qui en est cependant abondamment pourvue. Sa proportion en acide phosphorique est dépassée seulement par la Morille : 50,5 %; cependant que la proportion totale d'éléments minéraux équivalente pour le Merulius, est la Truffe ou la Morille.

Il est intéressant de mettre en regard de ces analyses, comme le fait Poleck, la composition minérale de bois sains et de bois attaqués, de manière à comparer les éléments minéraux du Merulius et ceux de son substratum. Le tableau de Poleck fait ressortir la très grande différence de richesse en potasse et en acide phosphorique, qui existe entre le bois sain coupé en hiver d'une part, et le

[1] N° 19.

bois sain coupé au commencement de l'été, d'autre part. Pour le même poids de Merulius et de bois sain, le premier contient 3200 fois plus d'acide phosphorique que le bois d'été et seulement 248 fois plus de cet acide que le bois d'hiver. Quant au rapport des contenus en potasse, dans les deux cas, il égal $\frac{900}{80}$. Ceci explique facilement que le bois coupé au printemps ou en été soit une proie bien plus facile pour le Merulius que celui qui a été abattu en hiver. Le premier constitue pour l'alimentation du champignon une nourriture bien plus adéquate que le second. C'est par cette considération de composition minérale, bien plus que par celle de la teneur en eau de ces deux bois, qu'il faut expliquer leur inégale résistance aux atteintes du Merulius. On peut prévoir, d'après les résultats de l'analyse chimique, les exigences du champignon au point de vue de sa **Nutrition**. Il lui faut un milieu riche en eau où se trouve en assez grande abondance l'acide phosphorique et la potasse, comme cela a lieu dans le bois, surtout lorsqu'il est coupé au printemps. Il lui faut aussi de l'azote ; les substances albuminoïdes sont assez abondantes dans l'aubier, puis elles disparaissent dans le cœur où se trouvent surtout des hydrates de carbone ; les bois d'aubier réalisent donc un milieu particulièrement favorable au Merulius. Il ne faut pas oublier, d'ailleurs, que les filaments myceliens cheminent, pour ainsi dire, dans l'intérieur du bois, transportant avec eux les substances azotées qu'ils ont puisées dans les parties plus riches, les portions les plus anciennes du mycelium meurent et leurs extrémités vivantes s'alimentent tant aux dépens du bois que de la substance des filaments antérieurement décomposées. Ils rencontrent encore des substances albuminoïdes dans les rayons médullaires (fig. 2, *f*) et la luxuriance du développement dépend beaucoup de la richesse de ceux-ci en contenu azoté.

Parmi les matières incrustantes du bois, le champignon attaque particulièrement la coniférine, il n'agit pas sur le tanin et la gomme de bois (xylane) (Hartig[1]), mais son aliment principal est encore la cellulose. Il agit aussi sur l'amidon du bois.

Son alimentation en substances minérales se fait par le contact direct, celle qui s'effectue aux dépens des matières organiques se

[1] N° 20.

fait par l'intermédiaire de ferments secrétés par les filaments vers leur pointe.

Il faut retenir, au point de vue pratique, que la composition chimique des matériaux de remplissage, des murs, du sol, etc. a, dans les constructions une grande influence sur le développement du champignon.

Cette question de l'alimentation nous conduit à parler de la **Culture du Merulius**, dont l'étude comporte d'abord l'examen de la question de la **Germination des Spores**. Les spores germent très difficilement ou pas du tout soit, dans l'eau, soit dans le jus de fruit, soit dans la gélatine additionnée d'autres substances, comme le jus de fruit, la coniférine, le tanin et les résines. La germination est difficile à obtenir, même sur bois frais ou sec, placé dans une chambre humide, à la lumière ou à l'obscurité. Hartig obtint d'abord ces germinations en arrosant d'urine le suc de fruit à la gélatine. Dans ces conditions, quelques spores germent dans les vingt-quatre heures, les autres dans les huit jours suivants ; la proportion de 2 ou 3 pour 100 de spores qui germent n'est guère dépassée. L'influence de l'urine doit être vraisemblablement attribuée à un dégagement d'AzH^4. Les carbonates et phosphates d'ammoniaque, pour la même raison, favorisent également la germination des spores.

L'influence de l'ammoniaque explique l'effet nuisible du voisinage des latrines, surtout quand des infiltrations d'urine viennent souiller les bois; il en est de même d'un sous-sol très riche en humus, qui dégage de ce gaz.

L'influence favorable des carbonate et sulfate de potassium, sur la germination des spores, explique aussi l'influence nuisible des détritus et escarbilles de charbon de terre ou de coke, des cendres etc., si ces substances sont employées comme matériaux de remplissage dans les planchers, sous les parquets.

Ces résultats sont ceux qu'a exposés Hartig[1]. Malheureusement, Möller, dans son récent travail[2], est souvent en contradiction avec son savant devancier. Les résultats de ses travaux, concernant

[1] Nos 25 et 47.
[2] No 48.

spécialement la germination des spores et la culture du Merulius, doivent trouver place ici.

Influence de la *température* sur la germination des spores :

Il ensemence des spores dans une solution d'extrait de malt et place ce milieu de culture dans une étuve à température constante marquant 25° centigrades. Après vingt-quatre heures, il y a en moyenne, 90 pour 100 de spores qui germent ; après quarante-huit heures, les filaments germinatifs offrent des ramifications. Parallèlement à cette expérience, des cultures sont placées dans le laboratoire, mais non dans l'étuve, de telle sorte que la température tombe, la nuit, à 18° centigrades. Dans ce cas il y a un nombre beaucoup moins grand de spores qui germent, et elles ne donnent que de très faibles filaments. Il en est de même si le milieu nutritif est mis dans une étuve à température fixe de 35°.

En résumé, la température de 25° est une température optimum. Les températures au-dessus et au-dessous sont défavorables. Cependant la germination peut s'effectuer à des températures assez basses, dans les caves, par exemple, pourvu que le champignon trouve certaines substances, surtout le phosphate d'ammoniaque. Ce fait appuie l'hypothèse que le Merulius doit être originaire de contrées plus chaudes que celles que nous habitons. Notons qu'il n'a pas été observé dans les contrées tropicales, notamment à Java, cette île est cependant depuis longtemps explorée par de savants botanistes,

Möller étudie ensuite l'influence de différents *sels minéraux sur la germination.*

Il ajoute à la solution nutritive d'extrait de malt, 1 0/0 de carbonate de potasse et il constate que, quelle que soit la température, il ne se produit jamais qu''un petit nombre de germinations et très souvent se manifeste une désorganisation plus ou moins avancée du contenu des spores.

Il compare, ensuite, le nombre et l'importance des germinations dans les milieux suivants : 1° Solution d'extrait de malt, 2° solution d'extrait de malt additionnée de 1 0/0 de carbonate d'ammoniaque, 3° solution d'extrait de malt + 1 0/0 de phosphate d'ammoniaque, 4° eau pure.

Les résultats sont les suivants : dans le quatrième cas, pas de germination; dans le premier, le nombre et l'importance des germinations dépend de la température, l'optimum étant 25 degrés; dans le deuxième, elles sont un peu moins nombreuses et moins importantes que dans le premier, il en serait de même d'ailleurs si on ajoutait 1 0/0 d'acide citrique au lieu du carbonate d'ammoniaque; enfin dans le troisième cas, l'influence favorable du phosphate d'ammoniaque est manifeste. Le milieu n° 3, est donc le meilleur de ceux qu'a expérimentés Möller, on obtient toujours avec lui, la germination de la plupart des spores, après vingt-quatre heures : seules ne germent pas, les spores dont la faculté germinative est détruite ou atténuée par diverses causes. Nous savons que Poleck avait déjà mis très nettement en évidence l'influence favorable de l'acide phosphorique sur la germination des spores.

Culture du Merulius sur milieux artificiels.

Quand on fait germer des spores sur du bois additionné d'urine, on voit se produire un filament germinatif, mais il s'enfonce immédiatement dans le tissu de celui-ci et son observation devient difficile. Pour obtenir des cultures durables, permettant d'étudier facilement le développement, il est nécessaire de constituer un milieu artificiel convenable. Ce milieu est difficile à réaliser, Poleck y échoua d'abord, mais il y arriva ensuite, après avoir établi la constitution chimique du champignon. Il fait des milieux avec du suc de bois et de la potasse, dont il a établi le rôle prépondérant dans la végétation du champignon. Nous avons dit comment Hartig obtenait la germination des spores et le développement du mycelium. Marpmann[1] fait des cultures sur gélatine-peptone-urine, qui se développent rapidement.

Von Tubeuf montre combien le mycelium résiste dans les cultures, à de grandes proportions d'acides, c'est ainsi qu'il supporte 3/100 d'acide acétique. Il emploie le milieu suivant : sels nutritifs, azotate d'ammoniaque 0,5 $^0/_0$, phosphate de potasse 0,5 $^0/_0$, sulfate de magnésie 0,1, auxquels il ajoute 2/100 d'acide lactique. Il imbibe de ce liquide du papier filtre. Un tel milieu est, dit-il, préférable

[1] N° 41.

aux copeaux de bois de pin. Comme source d'azote, on peut encore utiliser l'ammoniaque à l'état de gaz.

Von Tubeuf obtient aussi des cultures sur gélatine à 25/100 d'eau, à laquelle il ajoute des extraits de viande et de malt, du sucre de canne et aussi de l'acide citrique, cette dernière substance dans le but d'empêcher le développement des bactéries. Le champignon donne, sur des milieux à la gélatine, tantôt une sorte de ouate épaisse, ou une sorte de toile d'araignée déliée et enfin des cordons, comme sur le substrat naturel.

Von Tubeuf[1], puis Möller[2], dans leurs travaux récents, ont vivement critiqué l'emploi de l'urine concurremment avec des substances nutritives, car sa présence entraîne le développement de nombreuses bactéries. Les cultures d'Hartig étaient certainement toujours contaminées par ces microbes, cela peut d'ailleurs se reconnaître sur la figure 1, p. 4 de son travail[3]. On y voit une spore qui a donné un tube germinatif à quatre ramifications latérales, dont les extrémités sont dilatées en forme de massue. Cette déformation apparaît chez le Merulius, comme dans beaucoup d'autres champignons filamenteux, seulement quand la culture est envahie par les bactéries, jamais dans les cultures pures. Ce sont des manifestations d'ordre pathologique.

Möller poursuit actuellement ses expériences de cultures pures, en partant de la spore. Il utilise comme milieu, l'extrait de malt additionné de 1 % de phosphate d'ammoniaque, placé dans de grands récipients. Il a obtenu, après cinq semaines, un coussinet mycelien de 18 centimètres de long et 16 centimètres de large, recouvert avec les filaments myceliens soyeux caractéristiques, comme on l'observe lorsque le champignon se développe dans les caves humides. Il s'accroît de jour en jour ; dans le milieu du coussinet apparaissent déjà des plissements et des dépressions en même temps qu'une coloration jaunâtre[4].

[1] N° 45.

[2] N° 48.

[3] N° 47, fig. 1, p. 4.

[4] Möller poursuit ses expériences. Il donnera ulterieurement à ce travail d'ordre biologique une suite concernant les applications à la technologie et à la sylviculture.

Influence des conditions de milieu sur le développement du Merulius.

Nous avons déjà eu l'occasion d'aborder ce sujet en traitant des conditions de la germination des spores[1].

Le Merulius ne se développe que dans certaines conditions bien déterminées.

Température. — La chaleur favorise la croissance et le champignon s'étend rapidement pour une température comprise entre 30 et 35 degrés. Une température de 40 degrés est, par contre, déjà nuisible au champignon et il végète très mal avec seulement 4 ou 5 degrés au-dessus de 0, le mycelium étant très sensible au froid.

Si l'on soumet un fragment de bois fortement contaminé, à l'action, prolongée pendant une heure, de l'eau à une température comprise entre 40 et 100 degrés, le mycelium qui y est contenu est tué car il demeure incapable de manifester ultérieurement aucun développement.

Humidité. — L'humidité est une condition essentielle pour que le champignon puisse vivre et s'accroître, car il a un grand besoin d'eau. Dans un milieu humide, le mycelium émet beaucoup de gouttelettes de liquide, ce qui lui a valu le nom de *lacrymans*, (pleureur).

Le mycelium a la propriété de transporter l'eau assez loin, c'est ainsi qu'il peut transformer en milieu humide, un espace primitivement sec, comme, par exemple, lorsqu'il s'étend entre un mur et les boiseries qui le recouvrent. Exposé dans un milieu sec, le mycelium meurt rapidement, soumis à l'action d'un courant d'air sec pendant quelques instants, il perd complètement sa vitalité. Les spores et les gros cordons se dessèchent beaucoup moins rapidement et peuvent résister assez longtemps à l'action d'un milieu sec.

Le mycelium qui existe à l'intérieur du bois, peut rester longtemps vivant dans des pièces placées au sec, la durée de résistance varie, naturellement, avec l'épaisseur de la pièce, la quantité

[1] Voir p. 19.

d'humidité qu'elle contient, la situation dans laquelle elle est placée, etc., mais il ne faut jamais conclure, de la mort des filaments qui sont à la surface, à la destruction totale de tout le champignon. Il est bien difficile de déterminer la durée possible de la vie des filaments du mycelium à l'intérieur du bois laissé à l'air libre, pour les raisons que nous venons de donner.

Au point de vue pratique, il faut tenir compte, non seulement de la teneur en eau des bois employés, mais encore de la richesse en ce liquide des matériaux avec lesquels ils sont en contact. Ceux-ci peuvent entretenir autour et à l'intérieur des bois, même les plus secs, un degré d'humidité suffisant pour que le développement du Merulius puisse s'effectuer. Ces matériaux peuvent avoir une influence soit par leur teneur en eau, soit par leur hygroscopicité, soit par leur valeur nutritive pour le champignon.

Voici quelques chiffres cités par Hartig, donnant une idée de la plus ou moins grande richesse en eau des substances employées le plus souvent comme matériaux de remplissage.

MATÉRIAUX DE REMPLISSAGE	POIDS ABSOLU DE SUBSTANCE FRAICHE POUR 100 c^3	POIDS ABSOLU DE SUBSTANCE SÈCHE POUR 100 c^3	CONTENU EN EAU POUR 100 c^3
			gr.
1 Graviers lavés	155,75	154,97	0,78
2 Sable gypseux	180,98	178,11	2,87
3 Sable	143,60	139,48	4,12
4 Escarbilles de coke.	64 »	58,13	5,87
5 — de charbon de terre.	87,17	77,63	6,54
6 Décombres	148,28	136,55	11,73
7 —	155,38	143,31	12,07

Dans la catégorie 6, il s'agit de décombres de vieilles maisons contenant beaucoup de sable, de plâtras, de chaux, de ciment; dans la catégorie 7, rentrent les décombres comprenant beaucoup de fragments de chaux, de terre, d'humus et de sable. En somme, les matériaux de remplissage les plus recommandables sont ceux qui sont constitués par des graviers assez gros; ceux qu'il serait bon de proscrire sont le mâchefer et les décombres.

Il est à remarquer que des bois primitivement secs, rendus humides par le contact des matériaux de remplissage, seront toujours plus superficiellement attaqués que le bois ayant une grande humidité originelle.

Y a-t-il une différence, au point de vue de la sensibilité au Merulius, entre le bois coupé en sève, en juin, par exemple, et celui coupé pendant l'hiver, soit en décembre.

La question a son importance, car c'est une opinion fort répandue chez les techniciens que les bois coupés en sève sont la cause des calamités causées ces derniers temps par le Merulius. S'il y a quelque chose de vrai dans cette assertion, il ne faut pas attribuer le fait à la teneur de ces bois en eau, car Hartig a établi par ses expériences, pour le pin et le sapin, que les quantités d'eau qu'ils sont susceptibles de céder à des substances sèches, sont sensiblement les mêmes pour les bois coupés au printemps ou en été. Il n'en reste pas moins établi par les recherches ultérieures de Poleck que les bois d'été sont un meilleur substratum pour le champignon que les bois d'hiver, à cause de leur plus grande richesse en potasse et acide phosphorique, corps qui constituent des aliments de premier ordre pour le Merulius.

Lumière. — Le mycelium se développe à l'abri de la lumière, derrière les boiseries, entre elles et les murs, sous les parquets des planchers. Puis, quand le mycelium a fait éclater les planches ou qu'il est parvenu à s'insinuer entre elles par leurs joints, il s'étale à l'air et à la lumière et produit là seulement, son appareil fructifère.

Air. — Une certaine quantité d'air est indispensable au développement du Merulius, mais cet air doit être presque stagnant, un courant d'air amenant promptement la dessiccation et la mort du mycelium, si bien que les courants d'air constituent le meilleur remède contre le Merulius. — L'opinion, si souvent exprimée, qu'il faut une atmosphère confinée pour que ce champignon se développe, a son fondement dans ce fait, que la grande humidité nécessaire au champignon, se maintient le mieux dans une telle atmosphère ; c'est l'humidité du milieu qui favorise la végétation. Il n'en est point moins vrai, qu'un certaine quantité d'oxygène est nécessaire au développement du Merulius. C'est ainsi que l'on constate, lorsque l'on en fait des cultures sur milieux artificiels solides à la gélatine, par exemple, que le développement du mycelium se fait à peu près tout en surface et qu'il n'enfonce que de rares filaments dans le substratum et toujours à une faible profondeur.

Agents chimiques. — Il est à noter qu'une réaction alcaline ne paraît pas indispensable pour la germination des spores et que le mycelium s'accommode fort bien d'une réaction acide du milieu, puisqu'il peut supporter jusqu'à 3 $^0/_0$ d'acide citrique, par exemple.

D'après les observations d'Hartig, les matières azotées qui dégagent de l'ammoniaque et le carbonate de potasse, favorisent singulièrement la germination des spores. Les cendres, les escarbilles de charbon et de coke employés souvent comme matériaux de remplissage, devraient être rigoureusement proscrits pour cet usage, parce qu'ils contiennent de la potasse. L'urine répandue sur le bois ou simplement le voisinage des latrines, favorisent la germination des spores par le fait du dégagement d'ammoniaque.

Nous ferons, dans la partie « Technologie », un exposé spécial de l'influence des antiseptiques sur le Merulius.

Sécrétion de diastases.

Le Merulius possède la faculté de sécréter diverses diastases attaquant les éléments constitutifs du bois, en les rendant solubles et plus ou moins assimilables. C'est particulièrement vers l'extrémité des filaments myceliens que se fait cette sécrétion. Ces diastases, comme beaucoup d'autres produites par de nombreux champignons qui attaquent aussi les bois, agissent d'abord sur certaines des matières dites « incrustantes ». Ce sont ces substances qui produisent la réaction de la lignine, c'est-à-dire qu'elles se colorent en rouge sous l'action de la phloroglucine et de l'acide chlorhydrique; elles sont détruites sous l'influence des diastases sécrétées par le champignon et le substratum qui leur servait de support et qui est constitué par la cellulose, est libéré ; dès lors, ces bois contaminés donnent la réaction de la cellulose, c'est à-dire qu'ils se colorent en bleu ou violet lilas sous l'action du chloroiodure de zinc. Cette intéressante constatation était déjà faite par Hartig en 1884-1885[1].

Ces phénomènes de production de diastases ont été étudiés après

[1] N° 20.

Hartig, notamment par Czapek 1899[1], von Tubeuf 1902[2] et Schorstein 1902[3].

Les matières incrustantes, qui se superposent à la cellulose dans la membrane lignifiée sont surtout: la gomme de bois ou xylane appartenant au groupe des pentosanes, le tanin, la coniférine chez les conifères, etc. Czapek[4] a isolé récemment, des substances qui donnent la réaction de la lignine, un corps nouveau, dont il est intéressant de dire quelques mots ; il l'a désigné sous le nom d'**Hadromal**. Voici comment il l'obtint d'abord ; du bois sain, autant, que possible menuisé, est traité par une solution concentrée chaude de bichlorure d'étain. Le bois décomposé est ensuite agité avec du benzol ou de l'alcool. Ce benzol donne alors avec la phloroglucine une coloration rouge intense, c'est qu'il a dissout une grande quantité du principe cherché. Des traitements répétés avec le bichlorure d'étain permettent d'extraire ainsi du bois toute la substance à étudier.

Eh bien ! le Merulius, comme plusieurs autres champignons s'attaquant aux bois, a la propriété de provoquer une décomposition semblable. Il peut disjoindre l'espèce de combinaison éthérée que forme l'hadromal et la cellulose, de façon à mettre l'hadromal en liberté, celui-ci peut être alors, extrait facilement par le benzol ou l'alcool. D'ailleurs tout l'hadromal de la combinaison n'est pas mis en liberté, la décomposition dans un bois attaqué est seulement partielle. Il faut noter encore que cette hadromal mise en liberté n'est pas utilisée par le champignon pour sa nutrition.

Cette disjonction se fait sous l'action d'une diastase sécrétée par le champignon. Czapek l'a isolée et l'a nommée *Hadromase*.

Voici comment procédait cet auteur : de larges lamelles d'hyphes, bien isolées du bois, puis lavées, étaient triturées dans un mortier avec de l'émeri et ensuite soumises à l'action d'une presse. Le jus obtenu était filtré. Pour voir l'influence de ce liquide sur le bois, on faisait des prises de 2 cm³, qu'on mélangeait avec une « pointe de couteau » de sciure de bois bouillie dans l'alcool et séchée, puis on ajoutait du chloroforme et on mettait le tout à

[1] N° 36.
[2] N° 45.
[3] N° 44.

l'étuve à 28 degrés. De temps en temps on retirait une de ces prises, on la traitait par l'alcool et on faisait agir sur l'extrait alcoolique obtenu, la phloroglucine chlorhydrique. Après trois jours, la réaction était négative ; après huit jours, faiblement positive; après quatorze jours, l'extrait donnait une réaction de la lignine fort accentuée, tandis que le bois, séparé par filtration, donnait, au contraire, la réaction de la cellulose par le chloroiodure de zinc, tout en restant susceptible de se colorer en rouge par la phloraglucine HCl.

On obtient donc, avec ce jus, extrait du mycelium, les mêmes altérations du bois que celles qu'il subit par l'action directe des hyphes.

Cet extrait du champignon, perd sa force destructive du bois lorsqu'il a été bouilli; il donne par addition d'alcool un précipité blanc, insoluble dans l'eau et qui possède, d'après les expériences de Czapek, l'action directe sur la membrane que nous décrivions ci-dessus. Tous ces caractères sont ceux d'une diastase. Ainsi se trouve confirmée l'hypothèse d'un ferment contenu dans les hyphes, qui disjoint la combinaison éther d'hadromal et de cellulose. L'auteur le nomme hadromase. Cette diastase doit être rangée dans le groupe de celles qui exercent leur action destructrice sur les graisses et glycosides.

Une autre diastase, appelée **Cytase**, agit ensuite sur la cellulose et la liquéfie ; un troisième ferment agit sur l'amidon. Kohnstamm (1900) [1] dit avoir obtenu, en outre, un ferment *protéolitique*.

---

[1] N° 40.

DEUXIÈME PARTIE

TECHNOLOGIE

Nous avons fait ressortir, au début de ce travail, la gravité et la fréquence du mal, l'étendue des ravages causés par le Merulius et l'intérêt qu'il y a pour les propriétaires, les architectes, les ingénieurs et les entrepreneurs, à être exactement renseignés sur le Merulius, cause de nombreux procès, les entrepreneurs étant responsables des dégâts causés par ce champignon, avant l'expiration du délai de garantie de dix années; telle est du moins l'interprétation de l'article 1792 du Code civil, qui paraît la plus plausible.

Sous l'influence de l'émotion produite par la recrudescence de l'invasion du Merulius lors de ces dernières années, l'Association internationale pour l'essai des matériaux a créé dans son sein, en décembre 1898, une Commission spéciale, chargée de résoudre les deux questions que voici :

1° Comment peut-on reconnaître, au moment de la réception des bois, s'ils renferment ou non, des germes d'infection (spores ou mycelium); en d'autres termes, si l'on a le droit de les refuser, comme étant de mauvaise qualité, ou si l'on est tenu de les accepter?

2° Quels sont les moyens à prendre pour se préserver des attaques du *Merulius lacrymans* ou l'empêcher de se développer si les bois en contiennent en germe?

Avant de répondre à ces questions, il est nécessaire d'établir plusieurs faits importants.

Bois susceptibles d'être attaqués par le Merulius.

Ce sont non seulement les résineux : pins, sapins, epicea, etc., mais encore les bois des arbres feuillus, comme le chêne, l'aulne, le bouleau, etc. Toutefois, c'est presque toujours une pièce de bois résineux qu'il attaque d'abord et aux dépens de laquelle il forme le premier foyer d'infection d'où il se propagera. De la solive de sapin d'abord atteinte, il gagne rapidement, non pas seulement les solives voisines, mais des feuilles des parquets et des lambris de chêne. Il ne respecte pas plus le cœur que l'aubier de ces bois. Il peut atteindre d'autres substances et les décomposer, ce sont surtout, des tapisseries, tapis, papiers (dans les herbiers, par exemple), les meubles et les divers objets en bois, les étoffes, etc. Il a même causé des dommages notables en altérant des pierres lithographiques placées sur un support en bois ; le Mycelium en corrode la surface.

Modifications physiques et chimiques du bois attaqué.

Ce bois prend une teinte jaune brun, bientôt se produit une diminution de son volume par perte de substance, elle se manifeste par la production de nombreuses fentes qui se croisent à angles droits et pénètrent profondément dans le bois. Ces fentes ressemblent beaucoup à celles que produit un champignon voisin, le *Polyporus vaporarius*, mais celui-ci les remplit d'un Mycélium feutré et blanc qui ne s'observe pas dans le cas du Merulius. Le bois altéré absorbe l'eau du dehors plus vite et plus rapidement que le bois sain, il se gonfle et les fentes cessent rapidement d'être distinctes ; ce bois prend la consistance d'un beurre très ferme et peut facilement se débiter au rasoir en coupes minces pour l'observation microscopique. Au microscope, on peut voir que les parois des vaisseaux ont un aspect granuleux, ce fait est dû à ce qu'elles se sont incrustées d'une multitude de petits cristaux d'oxalate de chaux ; on remarque aussi que sur les emplacements des filaments mycéliens ultérieurement détruits, ces cristaux manquent, de telle sorte qu'il se dessine sur les parois des vaisseaux des traces plus ou moins ramifiées qui indiquent très nettement le parcours suivi par les filaments qui se sont déjà désorganisés. Les aréoles des ponctuations du pin, par exemple, présentent des stries radiales très évidentes, tandis que, sur leur pourtour, existe un anneau de cristaux particulièrement épais. La lamelle mitoyenne des membranes est également occupée par une couche régulière de ces granulations.

Les *propriétés polarisantes* des bois attaqués sont caractéristiques, comme nous le verrons plus loin.

La *constitution chimique* des bois atteints par le Merulius est également profondément modifiée. Il arrive un moment, où il ne présente plus la « réaction de la lignine » c'est-à-dire, ne se colore plus en rouge par l'action de la phloroglucine HCl, mais il réalise, au contraire, la réaction de la cellulose en se colorant en bleu ou lilas par le chloroiodure de zinc.

Comment le Merulius s'introduit-il et se propage-t-il dans les maisons ?

Nous savons que la contamination des bois en forêt est extrêmement rare; il faut cependant admettre qu'à l'origine, ce sont des bois atteints dans la nature qui ont introduit le champignon dans les maisons. Mais, bien plus souvent, il se propage soit par ses spores, soit par son mycelium, de maisons en maisons et de rues en rues, causant ainsi des épidémies plus ou moins étendues. Quel est le mécanisme de cette propagation ? Elle peut s'effectuer de différentes manières; le plus souvent le champignon apparaît dans des maisons neuves, les spores peuvent y être apportées par les charpentiers venant de travailler à la réparation de maisons atteintes par le Merulius, ils peuvent transporter des miliers de germes sur leurs souliers, leurs outils ou quelque partie de leurs vêtements. Ces spores peuvent conserver pendant des années leur faculté germinative, d'où il résulte qu'un ouvrier qui a travaillé à des réparations de maisons infectées, surtout s'il s'y trouvaient des fructifications, peut pendant longtemps encore servir de véhicule au mal. Non seulement l'homme, mais encore les animaux : chiens, chats, rats, etc., peuvent servir d'agents de transport des spores du champignon.

La contamination peut résulter de l'emploi de décombres provenant de vieux bâtiments où existait le Merulius. Lors de la démolition d'une vieille maison, il faudra, si on a l'intention d'utiliser des matériaux en provenant, porter spécialement son attention sur l'état du rez-de-chaussée et du sous-sol, beaucoup plus aptes à recevoir le Merulius que les étages élevés. En somme, il ne faut employer les vieux matériaux encore utilisables, dans les constructions, à côté de matériaux neufs, qu'à la condition que les premiers ne soient absolument pas suspects.

Un autre mode de propagation est le suivant : Il arrive trop souvent, lorsque l'on procède aux réparations d'une maison atteinte de Merulius, qu'on laisse des bois, plus ou moins couverts du champignon frais ou sec, des jours entiers dans la rue ou dans les cours, exposés au vent ou à la pluie. Pour certaines pauvres gens, les matériaux de la plus faible valeur sont encore désirables, aussi arrive-t-il que ces bois soient enlevés avec ou sans autorisation ; ils sont transportés dans les rues et jusque dans les maisons habitées par ces personnes ; d'innombrables spores peuvent être disséminées de cette façon. Ces faits devraient être surveillés et, d'ailleurs, la destruction immédiate par le feu des bois atteints devrait les rendre impossibles.

Nous venons de parler de la contamination par les *spores*, elle peut encore se réaliser par le *mycelium*. Alors que les peaux et filaments qui existent à l'extérieur des pièces de bois se détruisent promptement par la dessiccation, le mycelium qui est à l'intérieur de ces pièces peut conserver longtemps toute sa vitalité. C'est pourquoi de vieux bois, ayant l'apparence de bois sains, employés concurremment avec des bois neufs, peuvent les contaminer, pour peu que le milieu soit humide. Il faut donc rejeter l'emploi de tous les bois ayant appartenu à une maison où s'est développé le Merulius, alors même qu'ils présentent une apparence saine.

Lorsque le champignon est introduit dans une maison, il ne s'y développe et devient dangereux que s'il y rencontre les conditions qui favorisent son développement. Nous allons les étudier maintenant.

Conditions qui favorisent le développement du Merulius.

Nous avons traité cette question au point de vue biologique en parlant des conditions de la germination des spores (p. 19) et de l'influence du milieu sur le développement du Merulius. Envisageons maintenant la question à un point de vue plus spécialement pratique.

Les substances alcalines, même à l'état de traces, favorisent la germination des spores; il faut donc éviter avec soin que les bois ou matériaux de remplissage, ne soient mis en contact avec de l'urine qui donne bientôt naissance à un dégagement d'ammoniaque. On a observé plusieurs fois la contamination rapide de bois de parquets souillés sous le lit de malades, il en est de même, dans le cas de suintements le long des murs, provenant de latrines. Le simple voisinage de celles-ci, favorise la germination des spores de Merulius par suite de la production d'ammoniaque. On voit combien sont exposées aux atteintes de ce fléau des bois, les maisons où l'on méconnaît les règles de l'hygiène la plus élémentaire.

La potasse est une autre substance alcaline qui favorise la germination des spores. C'est ainsi qu'il est dangereux d'utiliser comme matériaux de remplissage les escarbilles de charbon de terre ou de coke, très souvent employées d'ailleurs, à cause de leur richesse en sulfate de potasse; de plus, ces matériaux, s'ils sont mis en place après avoir été, même peu de temps, exposés à la pluie, contiennent de grandes quantités d'eau. A ce titre encore, ils favorisent le développement du Merulius. On recouvre parfois la couche supérieure des scories par un lit de lehm forcément un peu humide lorsqu'on le met en place; cette pratique est nuisible, car cette terre suffit à produire une humidité qui permettra la germination des spores dont les filaments germinatifs iront bientôt contaminer les solives.

L'existence sous les planchers des rez-de-chaussée de substances riches en humus ou autres matières organiques : certaines terres le plus souvent, est une chose très dangereuse, non seulement à cause de leur richesse en eau, mais encore parce qu'elles peuvent donner lieu à un dégagement d'Az H^4.

Les alcalis, qui sont si utiles pour la germination des spores, le sont moins lors du développement du mycelium. Il faut à ce moment une grande quantité d'eau. L'humidité des matériaux permet l'extension du champignon, et il est de toute nécessité de veiller à leur dessiccation préalable; d'ailleurs, si bien desséchés qu'ils soient, ils peuvent généralement récupérer en milieu humide une quantité d'eau plus ou moins grande, suivant qu'ils sont plus ou moins hygroscopiques; on voit donc qu'il y a lieu de considérer l'hygroscopicité des matériaux, particulièrement de ceux que l'on emploie pour le remplissage des planchers. On a fait à ce sujet les expériences suivantes : diverses substances servant à l'usage que nous venons de mentionner, étaient immergées dans l'eau pendant quelque temps, puis on les retirait et on laissait le liquide s'égoutter sur papier filtre, jusqu'à ce qu'il ne s'en échappe plus du tout ; on mesurait alors avec soin la quantité d'eau restée adhérente aux substances solides. Hartig donne les résultats suivants:

100 centimètres cubes de matériaux de remplissage contiennent en eau :

1.	Graviers lavés . . , ...	1,9	grammes
2.	Sable blanc avec gypse.	19,9	—
3.	Décombres (plâtras, sable, ciment)	20,0	—
4.	Scories charbon de terre.	23,1	—
5.	Décombres (plâtras, terre, humus, sable) . . .	23,2	—
6.	Sable.	39,4	—
7.	Mâchefer	40,3	—

On voit que les graviers présentent le plus de garanties, tandis que les substances 6 et 7 sont susceptibles de retenir beaucoup d'eau si, par malheur, elles sont exposées à son contact.

Une des causes qui font que le Merulius est plus fréquent aujourd'hui qu'autrefois, c'est la grande hâte que l'on apporte à l'édification des maisons modernes, que l'on construit souvent en moins d'une année. Les poutres sont le plus souvent attaquées au niveau de leur portée, parce que dans cette zone elles reçoivent l'humidité des murs ; cette humidité se communique aux lambris, aux bois des fenêtres, des portes, des planchers, etc.

Le faux luxe, qui sévit dans les maisons les moins élégantes, veut que l'on recouvre d'une couche de peinture à l'huile les planches des planchers. L'humidité est ainsi retenue dans les bois de charpentes et bien souvent les calamités dues au Merulius proviennent de cette circonstance.

Il faut citer encore, comme circonstance favorable au Merulius, l'insuffisante protection de la maison contre les eaux de pluie ou d'écoulement à la surface du sol. Ces eaux, par leur contact ou leur infiltration, maintiennent les sous-sol et les rez-de-chaussées dans un continuel état d'humidité. Les planchers et les boiseries du rez-de-chaussée seront bien vite atteints dans ces conditions.

Trop souvent les maisons pauvres manquent d'aération, parfois la même chambre sert comme habitation, comme chambre à coucher, cuisine, lavoir, etc, et une humidité constante y règne dans une atmosphère mal renouvelée. Bien souvent le plancher est rendu constamment humide par les eaux provenant des lavages. On ne s'étonnera pas que de telles demeures soient une proie facile pour le champignon des maisons. On pourrait en dire autant des chambres de bain mal installées et des latrines défectueuses. Il est encore certaines usines dont l'atmosphère est maintenue constamment humide, par suite du dégagement de vapeurs d'eau.

Trop de plantes dans un appartement peuvent aussi y entretenir une humidité dangereuse, surtout si un copieux arrosage, mal distribué, y maintient mouillées certaines boiseries.

Dans le cas de locaux où l'atmosphère doit être constamment humide, le mieux est encore d'employer le moins de bois possible et de le remplacer par le fer et les autres métaux, concurremment avec le béton, le plâtre, le ciment, l'asphalte, etc. Dans le cas de constructions très simples, sans sous-sol de fondation, ou bien lorsque les caves, souterrains, etc., qui constituent les substructions, sont très humides, on fera bien de se servir, comme d'une couche isolante, de l'asphalte ou d'une substance analogue. On se servira de ces substances isolantes, imperméables et imputrescibles, dans les cas cités ci-dessus, où l'on ne peut éviter que l'eau ne soit répandue ou que l'atmosphère ne se maintienne trop longtemps humide.

Nous pouvons maintenant passer à l'étude de la première question que nous posions en tête de la partie technologie :

Peut-on reconnaître, à sa livraison, qu'un bois est atteint par le Merulius?

A cette question nous répondrons, oui, mais nous ajouterons que les méthodes préconisées ne sont pas toujours d'une réalisation facile dans la pratique et que, si elles permettent de dire qu'un bois est attaqué par un champignon, elles sont généralement insuffisantes pour autoriser à affirmer que ce champignon est le *Merulius lacrymans* ou bien une autre espèce.

Nous allons exposer successivement les diverses méthodes proposées. Elles sont au nombre de quatre : 1° Observation directe au moyen du microscope ; 2° méthode des cultures ; 3° examen des propriétés polarisantes ; 4° emploi des réactifs chimiques.

1° *L'Observation directe au moyen du microscope* permet de trouver les filaments de champignon dans le bois ou à sa surface, ainsi que les spores dont la forme chez le Merulius est caractéristique. Le mycelium trouvé appartient-il au Merulius ou à une autre espèce? Il n'est pas très facile de répondre, car plusieurs champignons Basidiomycètes s'attaquant au bois présentent les boucles que nous avons signalées (p. 10). Cependant, d'après Hartig, la production au niveau de ces boucles, d'une ramification latérale est un fait tout à fait particulier, spécial au *Merulius lacrymans* et qui permet de le diagnostiquer de suite, dans le plus petit fragment de bois (voir fig. 1). S'il existe des cordons myceliens, il est facile de reconnaître s'ils ont la structure dont nous avons parlé p. 8 et 9, fig. 3. Enfin, si l'appareil fructifère existe, il n'est plus possible d'hésiter. Il ne faut pas oublier que, dans un fragment de bois très altéré, le mycelium peut ne plus exister parce qu'il s'est désorganisé lui-même. On reconnaîtra, alors, si l'altération est d'origine cryptogamique, en employant les réactifs chimiques indiqués plus loin. Parfois, le champignon est si peu abondant, qu'il pourrait échapper à l'observation directe du bois, il faut alors recourir à la méthode des cultures pour obtenir un supplément d'information.

2° *Méthode des cultures*. — On prend des petits fragments des bois destinés aux essais et on les place dans un récipient dont l'atmosphère est saturée de vapeur d'eau, comme, par exemple, sous une cloche de verre ou dans une boîte en fer-blanc à herborisation, ces fragments de bois sont soutenus par un substratum de sciure de bois ou de terre ou de papier filtre, le tout est placé dans une étuve à 25-30 degrés. Le mycelium, s'il existait dans le bois, apparaîtra dans peu de jours à sa surface et s'étendra alentour. Plusieurs auteurs recommandent, en outre, d'arroser le bois avec de l'urine qui favorise beaucoup le développement du champignon. On peut étudier alors, aisément la structure de ce mycelium et voir s'il présente les boucles caractéristiques, mais pour acquérir une certitude absolue il faudra pousser l'expérience jusqu'à la réalisation de l'appareil fructifère.

Voici la méthode que préconise Marpmann[1]. On procède d'abord comme nous venons de le dire, on place ensemble des fragments de bois sains et de bois altérés dont on veut déterminer le champignon qui les atteint, dans une atmosphère très humide, on les arrose d'urine. Dans l'intervalle d'un jour à une semaine, on voit apparaître des filaments myceliens qu'il est facile de saisir et d'ensemencer sur un milieu constitué par de la gélatine additionnée de peptone et d'urine, où l'accroissement se fait rapidement. Il est possible d'obtenir ainsi le mycelium à l'état pur. On l'ensemence alors sur du bois sain de sapin, par exemple, que l'on place sous cloche et que l'on arrose avec de l'eau stérilisée. Cette culture permettra d'observer :

1° La production d'une odeur spécifique ;

2° Le développement des hyphes dans le bois sain et particulièrement dans les rayons médullaires; ses caractères morphologiques : boucles, etc. (coupes minces observées au microscope).

3° Le développement d'un appareil fructifère, qui permettra de déterminer avec certitude l'espèce de champignon.

Malheureusement, de l'aveu de Marpmann lui-même, il faudra pour obtenir cette fructification, trois, quatre mois et plus. Cette méthode n'est donc qu'incomplètement pratique. Il est d'ailleurs douteux que Marpmann ait poursuivi son expérience jusqu'à la production de l'appareil fructifère du Merulius.

D'ailleurs, von Tubeuf[2] pense qu'il est inutile d'aller si loin. On obtient le développement du mycelium avec des portions de bois atteints placés sur de la terre humide, de la sciure de bois ou du papier filtre, mis dans un milieu humide et sous cloche. Un arrosage avec de l'urine est, suivant von Tubeuf, tout à fait à rejeter, ce liquide introduisant divers champignons et de nombreuses bactéries, qui entravent la culture en la contaminant. Quant à la culture sur gélatine elle est, selon lui, difficile et inutile. Dans les conditions

[1] N° 41.
[2] N° 45.

qu'il indique, le champignon met seulement quelques jours à se développer et un simple coup d'œil suffit à une personne tant soit peu exercée, à distinguer si elle a affaire au *Merulius lacrymans* ou au *Polyporus vaporarius* ou à quelque autre champignon. Ces diverses espèces. sont suffisamment caractérisées par leur forme et leur aspect, pour, qu'avec quelques connaissances en Mycologie, il ne soit pas possible de les confondre. Nous sommes entièrement de cet avis. La méthode des cultures peut donc rendre des services et M. Henry[1] est sévère lorsqu'il lui refuse toute valeur.

3° *Pouvoir polarisant* du bois attaqué par des champignons. Les propriétés optiques des bois observées au microscope polarisant sur des coupes minces, sont totalement différentes, suivant qu'il s'agit de bois sains ou de bois attaqués.

Une des substances incrustantes de la membrane lignifiée est le xylane ou gomme de bois, qui appartient au groupe des Pentosanes. Elle existe dans tous les bois, mais elle est beaucoup plus abondante dans les bois des Angiospermes que dans ceux des Gymnospermes (Bertrand).

Ces faits étant connus, nous allons exposer la méthode employée par M. Schorstein[2] pour reconnaître les bois infectés.

Ses expériences ont été faites avec des bois de Pin, Sapin et Chêne. Ces bois attaqués sont râpés et traités par une solution de soude à 5 ou 10 pour 100; l'extrait, après décoloration, est étudié au polarimètre; on constate qu'il ne manifeste aucune activité optique, tandis qu'un extrait obtenu de la même manière avec un fragment de bois sain, dévie à gauche le plan de polarisation. Cette déviation est précisément égale à celle que donne le xylane $= (\alpha (D) = -84^{\circ})$. Le champignon a dû, dès le début de son activité, détruire le xylane du bois. L'auteur prouve, contre Hartig, que le xylane est bien attaqué par les champignons habitant les bois et qu'on ne le retrouve plus dans les bois infectés.

Par cette méthode, on démontre que le bois est infecté par un champignon, sans pouvoir dire à quelle espèce il appartient, car la propriété que nous venons de signaler est certainement commune à tous les Hyménomycètes qui végètent dans le bois. Elle a une valeur générale, mais non spécifique.

[1] N° 46.
[2] N° 44.

Emploi des réactifs chimiques.

Cette méthode étudiée par Marpmann (1901)[1], n'est pas non plus spécifique pour le Merulius, mais générale pour toutes les altérations du bois dues aux champignons.

L'auteur met en évidence la présence du Merulius par la voie des réactions microchimiques sur des coupes de bois attaquées, comparativement à leur action sur des coupes de bois sains. De plus, il opère parallèlement avec des extraits obtenus au moyen de ces bois.

I. Réactions microchimiques

RÉACTIFS	BOIS SAIN	BOIS ATTAQUÉS PAR UN CHAMPIGNON
Iodol + HCl ou SO^4H^2 dilué.	Frais : indigo. Conservé dans alcool + glycériné. } Indigo, ou plus pâle.	Les parties attaquées sont jaune ou brun jaune.
Chloroiodure de zinc ou Iode + SO^4H^2.	Frais : jaune. Conservé : jaune.	Après une demi-heure d'action, la partie attaquée se colore en bleu et cette coloration se maintient durant cinq jours.
Réactif de Nessler[2].	Rayons médullaires : jaune ou jaune citron. Membrane : jaune ou jaune citron. Lamelle mitoyenne des cellules : jaune sombre.	Les parties attaquées sont brun à brun noir. Les parties apparemment indemnes sont jaunes gris et plus tard grises.

[1] N° 41.

[2] Réactif de Nessler se prépare comme suit : 2 grammes Iodure de potassium sont mis à dissoudre dans 5 centimètres cubes d'eau, puis on ajoute à chaud du Iodure de mercure en quantité suffisante pour qu'une partie reste non dissoute. Quand le liquide est refroidi, on l'étend avec 20 centimètres cubes d'eau. Après quelque temps, on filtre et on mélange 20 centimètres cubes du liquide filtré avec 30 centimètres cubes de solution concentrée de Potasse. Filtrer si le liquide est trouble.

II. Réactions macrochimiques.

Marpmann indique ensuite un certain nombre de réaction macrochimiques.

Les bois à essayer seront mis à digérer pendant quelques heures avec 1 : 5 d'eau.

Le liquide ainsi obtenu sera filtré ; puis on additionnera 50 centimètres cubes du liquide filtré avec 5 centimètres cubes de la solution du réactif.

Voici les résultats que l'on peut obtenir :

RÉACTIFS		BOIS NORMAL	BOIS VERMOULU (ACTION D'INSECTES)	BOIS ATTAQUÉ PAR DES CHAMPIGNONS	BOIS POURRI
1. Réactif de Nessler.	Précipité : Liquide surnageant :	Gris jaune. Jaune clair.	Jaune gris. Jaune clair.	Gris. Jaune brun.	Jaune gris. Jaune grisâtre.
2. Nitrate d'argent dissout dans 1/100 d'eau avec de l'ammoniaque.	Précipité : Liquide :	Gris argent brillant. Opaque.	Gris. Jaune sale.	Argent. Brun rouge.	Gris noir. Rouge terne.
3. Liqueur de Fehling (après ébullition).	Précipité : Liquide :	Rouge. Jaune verdâtre.	Brun rouge. Jaune.	Brun. Jaune rouge.	Vert bleu. Jaune verdâtre.

En outre, on peut constater directement, en faisant agir le réactif Nessler sur les bois frais de Pin, Sapin, Chêne, Peuplier, que ces bois étant sains donnent une coloration jaune, tandis que les mêmes bois moisis se colorent en gris. Il faut remarquer aussi, qu'un vieux bois moisi est toujours d'une teinte allant du gris au brun.

Les réactions ci dessus seront excellentes pour guider les architectes ou entrepreneurs qui cherchent à savoir s'ils peuvent accepter, sans risques, des bois de constructions.

Les réactions macrochimiques, indiquées ci-dessus, renseignent sur les altérations de la cellulose et de la lignine qui peuvent résulter, non seulement de l'action du Merulius, mais encore de toutes sortes de champignons,

Quand il s'agit du bois de Conifères (arbres résineux), on peut encore user d'une autre réaction. On sait que le Merulius s'attaque d'abord à la coniférine, qui constitue une des matières incrustantes du bois de Conifères, il la détruit; dès lors, les bois sains présentent les réactions de la coniférine, tandis qu'elles font défaut chez ceux qui sont atteints.

Parmi les réactions de la coniférine, citons la suivante : sur les coupes humectées par $SO^4 H^2$ et additionnées d'orcéine, elle se colore en violet, tandis que la lignine prend une teinte rouge sombre. Cette réaction ne peut s'appliquer qu'au bois de conifère, car la coniférine manque chez les autres essences.

Enfin, on pourrait encore utiliser, pour reconnaître si un bois est attaqué par des champignons, la **Réaction de l'hadromal**.

Nous avons rapporté dans la première partie, comment Czapek (1899)[1] avait montré que, lorsque un bois est atteint par un mycelium de Merulius, par exemple, la combinaison éthérée d'hadromal et de cellulose qui existe dans la membrane, se disjoint et qu'une quantité d'hadromal relativement grande est mise en liberté. Celle-ci se laisse directement entraîner par l'alcool ou le benzol, et l'extrait donne une coloration rouge avec la phloroglucine et l'acide chlorhydrique. Le bois sain cède, au contraire, très peu d'hadromal à l'alcool.

Disons de suite que cette méthode est assez précaire, d'abord parce que l'hadromal est dans le bois en très faible proportion, constituant seulement 2 0/0 environ de la substance sèche du bois; en second lieu, parce que l'alcool permet d'extraire de l'hadromal du bois, même lorsque celui-ci n'est pas attaqué.

Il faudra donc, de préférence, recourir à l'une ou à plusieurs des méthodes ci-dessus: examen microscopique, polarisation de la lumière, emploi des réactifs chimiques.

En somme, nous voyons qu'il est possible d'établir, à la réception des bois, s'ils sont ou non atteints par un champignon; toutefois, il est très délicat d'affirmer si ce champignon est le Merulius (de beaucoup le plus dangereux), ou quelque autre espèce.

[1] No 36.

Lutte contre le champignon des maisons. Moyens préventifs et curatifs.

Quel que soit l'intérêt de cette première question traitée, elle a moins d'importance que la deuxième, à savoir : quels sont les moyens préventifs et curatifs à employer pour lutter contre le Merulius, car même s'il est préexistant, le champignon ne se développera que si les conditions lui sont favorables. Il faut, avant tout, éviter ces conditions.

Qu'importe la présence du Merulius, s'il est avéré que l'imprégnation, par exemple, au moyen d'antiseptiques, empêche à la fois la contamination par le champignon à l'extérieur et son évolution à l'intérieur.

Il faut procéder, avant tout, à l'**Examen des bois**, par une des méthodes indiquées ci-dessus et brûler sur place ceux qui sont atteints. Le Merulius, très peu actif en forêt, où il est généralement saprophyte, avons-nous dit, peut devenir très nuisible dans les bois utilisés dans les constructions, si les circonstances lui sont favorables.

Séchage du bois. — Il faut que les bois mis en œuvre soient aussi secs que possible, l'humidité favorisant, au plus haut degré, le développement du Merulius. La quantité d'eau contenue dans le bois vert est quelquefois énorme. Ainsi, dans le Sapin pectiné, l'eau = 108 % du bois sec; pour le Hêtre : 36 %; le Chêne pédonculé, 38 %; le Frêne commun, 22,6 %; le Mélèze, 22,5 %.

Il est divers modes de séchage que nous rappelerons très brièvement.

Le séchage naturel consiste à laisser plus ou moins longtemps les bois à l'air libre, après les avoir débarrassés de leur écorce.

On les dispose sur un terrain en pente, préalablement dallé, où l'on a ménagé des socs en pierre sur lesquels repose le premier plan de bois. On doit, de plus, séparer chaque plans successifs par des cales en bois très sec. On évite, de cette manière, le contact des différentes pièces et, de plus, la circulation de l'air est favorisée. On peut recouvrir ces piles avec une sorte de toiture constituée par des panneaux mobiles qui les mettent à l'abri de la pluie. Il est mieux encore d'entreposer les bois sous des hangars, dont le système de construction doit varier suivant les climats : dans le Midi, ils seront en maçonnerie pour être moins perméables à la chaleur directe du soleil, qui pourrait faire fendre les bois en les desséchant trop vite. Pour éviter une dessiccation trop rapide, il faudra aussi ne provoquer qu'une ventilation modérée.

Dans les pays froids, où la dessiccation est forcément très lente, il faudra, au contraire, provoquer une active ventilation dès que le temps sera un peu sec. Les courants d'air seront produits et réglés à volonté, au moyen de panneaux mobiles servant de portes et de lanternaux pratiqués dans les toitures, que l'on pourra ouvrir ou fermer à volonté.

Cette méthode a l'inconvénient de demander beaucoup de temps, les bois mis à sécher encombrent des mois ou même des années les entrepôts; elle ne permet pas d'obtenir un état de dessiccation très avancé des bois qui renferment encore fréquemment, après deux années, 16 à 20 % d'humidité. Aussi, a-t-on recours, dans les cas où l'on veut économiser du temps et de l'espace, aux méthodes de *séchage artificiel*. Elles consistent à soumettre les bois à l'action de la chaleur d'un foyer. Le foyer, dans un de ces procédés, se trouve à l'intérieurd e la chambre même où sont placés les bois, à l'extrémité opposée à la porte. Une cloison intérieure empêche la flamme directe de venir en contact avec le bois; les gaz de combustion traversent le séchoir et sont évacués par une cheminée située à l'autre extrémité. L'inconvénient est ici que la répartition de la température n'est point uniforme, ce qui fait que les bois situés dans les parties les plus chaudes se sèchent trop vite et se fendent; de plus, les poussières et fumées viennent se déposer sur le bois et l'abîment beaucoup. On obvie à cet inconvénient, dans les appareils plus perfectionnés, en plaçant le foyer en dehors du séchoir; les produits de combustion cheminent sous le plancher de celui-ci et dans les parois où se trouvent des conduits *ad hoc*. L'eau évaporée par rayonnement s'échappe par un tuyau spécial. Cet appareil n'est point parfait encore, car les bois des parties centrales sèchent moins bien que ceux qui sont à la périphérie, près des parois du séchoir.

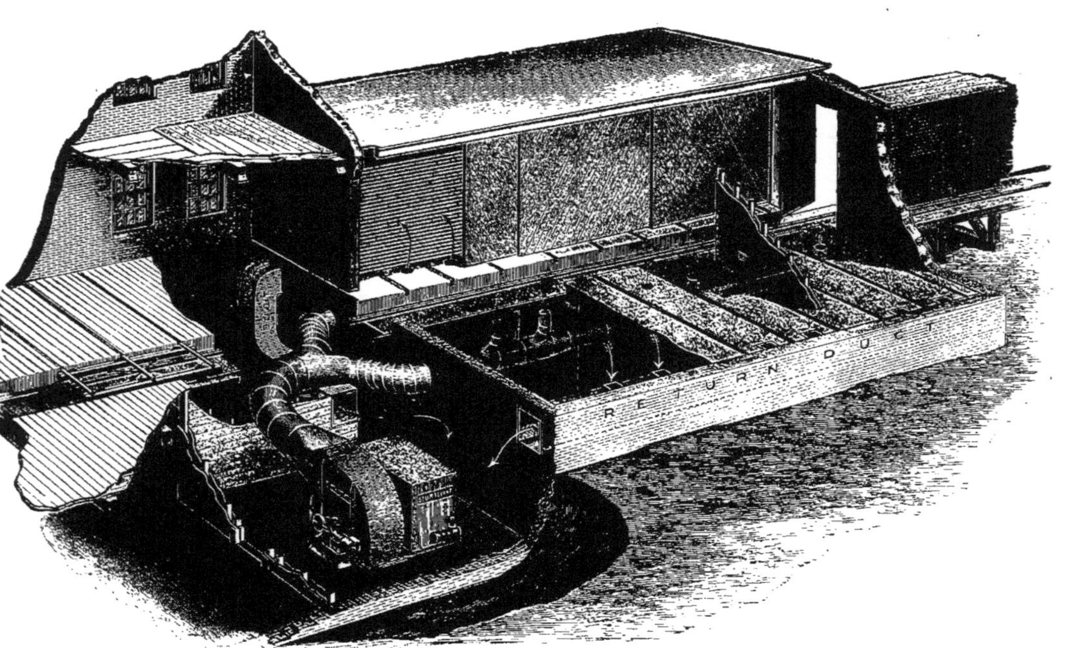

FIG. .9
Installation de sèchage Sturtevant.

La **méthode du séchage par l'air** au moyen des appareils de Sturtevant est de beaucoup la meilleure de ces méthodes de séchage artificiel.

Le principe en est le suivant : On sait que l'air mis en contact avec l'eau en absorbe jusqu'à ce qu'il soit saturé. Lorsque l'air est saturé, il peut être mis en contact avec l'eau sans produire aucune évaporation ultérieure. D'autre part, la quantité d'eau nécessaire pour arriver à la saturation croît très rapidement avec la température ; c'est ainsi que 1 mètre cube d'air à 18 degrés ne peut absorber plus de 0,013554 kilogramme d'eau, tandis que le même volume d'air à 50 degrés absorbe 0,290723 kilogramme, c'est-à-dire environ vingt et une fois plus d'eau.

Il faudra donc que la température de l'air mis en contact avec le bois, soit le plus élevé possible. la limite est celle pour laquelle le bois commence à se détériorer, c'est-à-dire, pratiquement, 80-90 degrés centigrades.

Il faudra aussi que le renouvellement de l'air soit le plus fréquent possible, afin que l'air saturé soit évacué et remplacé par de l'air sec, dont la présence et le renouvellement continu provoqueront une évaporation également continue de l'eau renfermée dans le bois.

Enfin, la température de toutes les parties du séchoir doit être sensiblement uniforme et l'élévation de température doit se faire progressivement afin d'éviter le fendillement du bois.

Ces conditions sont remarquablement réalisées dans les appareils construits par la Compagnie Sturtevant. Le système Sturtevant consiste essentiellement à produire dans des séchoirs à bois *ad hoc*, une circulation forcée et méthodique d'air convenablement chauffé.

Il fonctionne de la façon suivante :

Un ventilateur centrifuge aspire l'air frais de l'extérieur et le refoule à travers un calorifère spécial le « réchauffeur » avec une vitesse variable suivant les besoins du travail. L'air refoulé chemine entre les intervalles des tubes qui constituent le réchauffeur et bénéficie de toute la chaleur latente de vaporisation de la vapeur contenue dans les faisceaux tubulaires. Cet air chaud et sec est ensuite refoulé sous pression et distribué d'une façon méthodique et continue dans toutes les parties du séchoir.

La durée du séchage peut être réglée à volonté en variant la température et la quantité d'air refoulée. Elle est, en général, de six à huit jours selon l'épaisseur du bois et sa qualité, tandis qu'elle est de deux ou trois mois ou beaucoup plus par le séchage naturel.

Les procédés de séchage artificiel ont cependant leurs inconvénients, que les appareils, dont nous venons de parler, atténuent d'ailleurs autant qu'il est possible grâce aux perfectionnements réalisés.

1° Ils dépassent quelquefois le but, desséchant trop le bois, qui reprend au contact de l'air une partie de l'humidité perdue ;

2° Le bois peut perdre de son élasticité et, en même temps, de sa résistance, de telle sorte qu'on puisse craindre que des pièces de charpentes soumises à un poids trop fort, se brisent net, sans qu'on soit prévenu par un fléchissement préalable.

Malgré cela, on emploie, dans bien des ateliers, ce mode de dessiccation actif qui permet une grande économie de temps et qui a reçu comme nous venons de l'expliquer, de notables perfectionnements au cours de ces dernières années.

En ce qui concerne le séchage des bois, il ne faut pas perdre de vue que le bois est fort hygroscopique et que, après avoir été séché, il récupère une certaine quantité d'eau, d'autant plus grande qu'il est dans une station plus humide, ce qui explique que les bois, même les mieux séchés, puissent devenir ultérieurement la proie de champignons, s'ils se trouvent dans des milieux trop humides.

Bois flottés. — L'immersion prolongée des bois dans l'eau, produit la disparition des parties solubles de la sève et enlève, par suite, aux champignons, quelques-uns de leurs meilleurs aliments. De plus, le flottage favorisera l'opération de la dessiccation, qu'il faudra opérer avec soin plus tard. En somme, ces bois se conservent mieux. Il faut dire, toutefois, qu'ils perdent un peu de leurs qualités de résistance, en raison de l'enlèvement par l'eau des matières gommeuses qui concouraient à agglomérer leurs éléments.

Époques de l'abatage des bois. — Quelques forestiers soutiennent encore qu'il doit se faire au printemps ou en été. Cette époque est certainement mal choisie. A ce moment la sève imprègne les tissus qui par suite, seront exposés à une fermentation rapide due à l'envahissement de toutes sortes de microorganismes. Nous avons rapporté p. 17, les travaux de Poleck, qui établissent que le bois coupé en été a une composition chimique fort différente de celui abattu en hiver, que, notamment, il contient beaucoup plus de potasse et d'acide phosphorique ; ce qui en fait un excellent milieu de culture pour le Merulius.

Les indications que nous venons de donner concernent particulièrement les personnes qui s'occupent du bois avant sa mise en œuvre : les forestiers, marchands de bois, etc. Les conseils suivants, s'appliquent spécialement à celles qui mettent le bois en œuvre dans les constructions, les architectes, entrepreneurs, etc.

Résumé des précautions à prendre pour éviter l'apparition du Merulius dans les maisons.

a) Eviter le transport des spores du Merulius : Les ouvriers, après avoir procédé à des réparations d'une maison contaminée, devront nettoyer avec le plus de soin possible leurs outils avant de s'en servir à nouveau. Cela peut se faire au moyen de lavages répétés, dans de l'eau plusieurs fois renouvelée. Les parties du vêtement, les souliers, qui ont pu être en contact avec les matériaux atteints par le champignon doivent être également nettoyés par lavages. Cela n'est d'ailleurs pas toujours nécessaire comme pour les outils.

b) Il faut sévir rigoureusement contre les ouvriers convaincus d'avoir sciemment, dans un but de vengeance, apporté avec eux le Merulius pour en contaminer une maison qu'ils contribuent à construire.

c) Rejeter absolument l'emploi, pour le remplissage des planchers de décombres ayant appartenu à une maison où sévissait le Merulius.

Rejeter de même l'emploi de bois d'apparence encore utilisables, ayant appartenu à des maisons contaminées. Ils ne doivent plus servir comme bois de construction.

d) Brûler sur place les vieux bois provenant de réparations de maisons attaquées par le champignon. Ne point les abandonner aux pauvres gens qui croient pouvoir en retirer quelque utilité et qui dissémineraient le mal.

e) Ne jamais réunir dans les chantiers à bois, des bois neufs avec d'autres provenant de démolitions.

f) Eviter, comme dangereux, l'emploi des matériaux susceptibles de servir aux remplissages entre les solives et poutres des planchers lorsqu'ils contiennent de la potasse, comme les cendres et les escarbilles de coke et de charbon de terre, les scories, etc., ou qui sont susceptibles de dégager de l'ammoniaque comme l'humus et autres matières organiques ou qui sont hygrométriques : c'est-à-dire les mêmes substances, le mâchefer, etc.

Les meilleurs matériaux pour cet usage sont les graviers plus ou moins gros.

Ne jamais utiliser à cet effet des substances mouillées, humides ou congelées.

g) Eviter tout contact des bois avec l'urine, les lessives alcalines, les cendres.

h) Eviter le voisinage des latrines, à cause de la production possible de gaz ammoniaque qui favorise la germination des spores de Merule, sur les bois.

i) Vérifier à la recette des bois. s'ils sont convenablement secs.

Lors de l'achat des bois on ne doit pas accepter aveuglément ceux qui sont proposés aux plus bas prix, mais bien ceux qui présentent les meilleures, les plus sûres garanties de dessiccation. Ces bois ont occupé plus longtemps une place dans les entrepôts du marchand de bois, il lui faut faire des sacrifices pour avoir des emplacements vastes et payer un loyer plus fort. C'est à juste titre que ses prix seront plus élevés que ceux de son concurrent qui, se débarrassant promptement de sa marchandise, peut limiter l'étendue de ses entrepôts et ne pas immobiliser aussi longtemps ses capitaux.

j) Il est facile aux grandes institutions de l'Etat, aux grandes Compagnies : chemin de fer, établissements publics, d'avoir, par une entente avec l'administration des forêts, de vastes entrepôts de bois où ceux-ci se déssèchent lentement, tandis que les plus anciens sont utilisés au fur et à mesure des besoins.

Dans les chantiers de la Marine, par exemple, se trouvent des approvisionnements de bois pour dix ou quinze ans et plus. Les bois résineux sont conservés sous de vastes hangars à parois mobiles. Les pièces, après simple équarrissage, sont isolées les unes des autres et disposées sur des cadres à claire-voie. On peut ainsi vérifier facilement toutes les pièces et arrêter les dégâts des insectes ou la pourriture. La mobilité des cloisons qui ferment les hangars permet d'arrêter ou d'activer la circulation de l'air suivant les saisons.

k) Procéder aux constructions avec une sage lenteur. Une maison, doit rester avant son achèvement assez longtemps à sécher, une aération constante étant assurée pendant tout ce temps par les ouvertures non closes. D'autre part, la construction à cet état, doit être parfaitement protégée contre la pluie.

L'apposition des parquets, l'application de peinture à l'huile ou de linoléum à leur surface, le crépissage des murs, doivent être ajournés aussi longtemps que possible.

l) Séparer les fondations de la partie aérienne de la maison au moyen d'une couche de substance isolante comme par exemple l'asphalte, le béton etc. afin d'empêcher l'ascension de l'eau par les murs.

Les têtes des poutres seront en relation avec des pierres sèches, non réunies par un mortier humide.

Une partie de l'habitation qui doit être l'objet d'une attention particulière est celle des sous-sols. Si dans une cave ou cellier humide sans soupiraux, il se trouve, par hasard, une poutre de sapin infectée en un point par le mycelium du Merulius, celui-ci, dans ce milieu très favorable, ne tarde pas à croître activement ; en même temps que la pourriture gagne dans l'intérieur du bois, les filaments myceliens forment à sa surface une toile feutrée d'où des cordons poussent dans toutes les directions, gagnent les poutres voisines jusqu'alors saines et souvent, de proche en proche, atteignent les portes, les parquets du rez-de-chaussée, les lambris, sous lesquels le champignon fructifie et l'infection devient générale. La précaution *(l)* prévient cette contamination.

n) Lorsqu'il n'existe pas de sous-sol, le sol doit non seulement être recouvert d'une couche aussi épaisse que possible de béton, asphalte, ciment, etc., mais il faut encore interposer au-dessous du plancher un lit de graviers secs ou de briques concassées ou autres substances analogues, des canaux d'aération permettant d'ailleurs, qu'ils se maintiennent secs.

o) Les travaux des menuisiers ne doivent pas être effectués avant que l'emplacement destiné à les recevoir ne soit bien sec.

p) Les pierres plus ou moins hygrométriques (certains calcaires

4

et grès) devront être recouvertes à leur surface d'un enduit isolant d'asphalte, etc., surtout à la base des murailles.

q) Les planches des planchers ne devront pas s'étendre strictement jusqu'à la muraille mais en être séparées légèrement.

r) Il serait bon de revenir à ces chambres à air pratiquées dans les murs lents à sécher ou exposés aux pluies, vis-à-vis de la portée des poutres et destinées à assécher la portée de celles-ci.

s) Assurer une protection parfaite de la maison contre les eaux d'écoulement.

t) Assurer une aération régulière empêchant la stagnation de l'humidité.

u) Dans les locaux exposés à l'humidité continuelle : salles de bains, lavoirs, cuisines, certaines usines, jardins d'hiver, etc., éviter que les bois ne soient mouillés, dessécher l'atmosphère par un chauffage convenable, quand il n'y a pas d'inconvénients ou mieux, renoncer dans les locaux en question à l'emploi du bois.

v) Recourir à l'imprégnation des pièces de bois par certains antiseptiques (voir plus loin).

Réparations à la suite des premiers dégâts causés par le Merulius. — Si le champignon a déjà commencé ses ravages, il faut, dès qu'on s'en aperçoit, enlever les planches atteintes et les brûler sur place en évitant leur manipulation qui disséminerait le champignon. On s'assurera que le mal ne s'est pas étendu au delà en soulevant les planches des parquets ou les panneaux des lambris.

Les matériaux enlevés seront remplacés par des pièces de bois saines et traitées par les antiseptiques comme nous le dirons plus plus loin.

Emploi des antiseptiques

Les substances antiseptiques, employées depuis longtemps pour préserver le bois des atteintes de nombreux agents d'altération, sont précieuses pour l'immuniser contre les atteintes possibles du Merulius, ou même pour détruire ce champignon s'il s'est déjà insinué dans l'intérieur des pièces. Les antiseptiques sont nombreux et d'ailleurs plus ou moins efficaces.

Nous parlerons d'abord du **Sulfate de cuivre**. Celui-ci est l'antiseptique le plus employé. On l'utilise pour l'injection des bois par le procédé Boucherie. On l'emploie, concurremment avec de la chaux ou de la soude, sous les noms de bouillies bordelaise et bourguignonne, pour lutter contre d'innombrables maladies dues à des champignons qui s'attaquent aux végétaux cultivés.

Il ne faudrait pas croire cependant que ce soit là un remède universel, apte à détruire tous les champignons; on sait qu'il en est qui lui résistent fort bien, certains même végètent en faisant bonne contenance dans des solutions nutritives contenant, d'autre part, du Sulfate de cuivre. Le remède universel est, certainement, une utopie, car la substance vivante, si elle est constituée par un substratum identique chez tous les être vivants, n'en diffère pas moins notablement d'une espèce d'être à une autre espèce et même d'un individu à un autre individu placé dans des conditions différentes. Il s'ensuit que des êtres d'espèces différentes réagiront de façons variées vis-à-vis d'un antiseptique donné et que certains pourront demeurer peu sensibles à son action.

C'est ainsi que le sulfate de cuivre a peu d'influence sur le Merulius, comme le montre von Tubeuf (1902, n° 45) qui a fait, au moyen de ce sel, les expériences suivantes :

Il place un cristal de sulfate de cuivre sur de la gélatine 6 pour 100, additionnée d'extrait de malt, d'extrait de viande Liebig et de 1/100 d'acide citrique. Le cristal se dissout sur place dans l'eau de la gélatine et sa solution envahit un espace limité de celle-ci. Ce milieu ayant été ensemencé avec le Merulius, on constate que le mycelium croît aussi bien dans la région bleuâtre où se trouve le cuivre que dans les parties alentour jaunes, qui n'en contiennent pas. Cette expérience préliminaire montre déjà combien peu d'influence possède le sulfate de cuivre vis-à-vis de ce champignon. L'auteur plaçait, ensuite, dans des boîtes de Petri le même milieu nutritif, dans quelques boîtes il ajoutait 1 pour 100 de SO^4Cu, dans d'autres 2, 3 et 5 pour 100 de ce sel. Dans les premières, le champignon croît très bien ; dans celles de la deuxième série, beaucoup moins bien et, dans celles de la troisième, son développement est encore plus faible. Mais, finalement, le mycelium végétait encore après un mois, temps auquel von Tubeuf limitait son expérience.

Ensuite, l'auteur additionnait le même milieu nutritif, non plus de sulfate de cuivre, mais de la bouillie bordelaise alcaline ou bouillie cupro-calcaire (chaux et sulfate de cuivre), et il constatait que, sur ce milieu, le mycelium est facilement tué.

Il faut qu'il y ait dans cette solution cupro-calcaire une quantité de chaux suffisante pour neutraliser tout le sel de cuivre ou même un excès. Un milieu à la gélatine additionné de 2 pour 100 de SO^4Cu et seulement 1/2 pour 100 de chaux est acide et n'est point toxique pour le champignon. Toutes ces expériences tendent à démontrer que le champignon est sensible à la chaux et que le sulfate de cuivre n'a pas ici d'action toxique !

D'une façon générale, le Merulius supporte fort bien les substances acides, c'est ainsi qu'il peut végéter avec 3 pour 100 d'acide citrique.

La solution de **Sulfate de fer** n'est pas non plus efficace. Le mycélium contenu dans une pièce de bois, préalablement immergée pendant une demi-heure dans une solution de vitriol vert, continue à se développer et il apparaîtra plus tard à la surface.

Créosote ou substances en contenant des quantités notables : Carbolineum, carburinol, huiles lourdes de résine, etc. — Hartig, dès 1885[1], propose l'emploi de l'huile de créosote comme étant la substance la plus efficace contre le Merulius. Il faut en badigeonner les murs de fondation, par exemple, pour que le champ ne vienne point s'étaler et se propager à leur surface. Ses expériences ne lui ont donné que des résultats peu favorables ou nuls avec le goudron de houille, et certains produits fabriqués en Allemagne et connus sous les noms de Mycothanaton, d'Antimerulion et Thontheergries, dont les fabricants vantent l'efficacité à grands coups de réclame.

Expériences récentes.

Depuis cette époque on a fait de nouvelles et intéressantes expériences, principalement en Autriche et en Russie, d'une part, et en France, d'autre part. Nous allons en rapporter les résultats d'après le travail de M. Henry (1902)[2].

L'*huile de créosote* et les produits qui en contiennent des quan-

[1] N° 20.
[2] N° 46.

tités notables sont d'une efficacité certaine, mais ils ont quelques inconvénients : l'huile de créosote est très volatile et un peu soluble dans l'eau ; ce qui fait qu'elle perd assez vite sa qualité protectrice quand le bois qu'elle imprègne est exposé à l'air ou à la pluie. Le *carbolineum*, le *carburinol* et matières analogues, gênent dans les habitations par leur forte odeur. Aussi, les fabricants allemands se sont-ils ingéniés à fabriquer de nombreux ingrédients capables de donner entière satisfaction. Outre ceux dont nous avons parlé, il faut citer le plus récent l'*antinonnine* de Frederic Bayer et Cie à Elberfeld.

Cette substance, avec laquelle des essais ont été faits en Autriche, est une dissolution savonneuse d'orthodinitro-crésol-potassium.

$$C^6H^2(NO^2)^2CH^3OK.$$

Ce produit extrait du goudron est peu volatil et n'est pas d'odeur désagréable ; le kilogramme vaut environ 12 francs, prix assez élevé. Il se vend en pâte.

Il ressort, d'une façon très nette, des expériences du colonel du génie autrichien, M. Tilschkert, que l'autinonnine, employée simplement en badigeonnage superficiel, empêche à la fois la pénétration du champignon par le dehors et le développement des spores ou filaments qui peuvent exister dans l'intérieur de la poutre badigeonnée.

Nous renvoyons pour le détail des expériences faites en présence d'une Commission technique, au travail de M. Henry [1].

Le lieutenant-colonel russe, Baumgarten a fait aussi des expériences sur les moyens de détruire le Merulius si nuisible dans l'Europe orientale. Il admet que dans des bois secs, renfermant du mycelium, celui-ci ne se propagera pas au dehors si ces bois sont protégés contre l'air et l'humidité par des badigeonnages extérieurs. Ceux-ci empêcheront, en outre, la contamination par l'extension.

Baumgarten pense que les corps gazeux, tels que la créosote volatile qui peut pénétrer dans le bois avec l'air et l'humidité, sont les plus propres à détruire le champignon. A ce titre le *mycothanaton* de Muller, agit efficacement par le chlore qu'il contient et il rapporte que de nombreux bâtiments de la ville de Brest-Litowski,

[1] 1902, n° 46.

dans le gouvernement de Grodno, furent protégés contre le Merulius par badigeonnages des bois avec cette substance.

Sa composition est la suivante :

750 grammes chlorure de calcium.
1.500 — sulfate de soude.
2.250 — HCl.
66 — sublimé (bichlorure de mercure).
57 litres d'eau.

Il faut prendre certaines précautions en l'employant à cause du chlore et du sublimé. C'est ainsi qu'il convient d'ouvrir les fenêtres pour établir un courant d'air. Il a sur le carbolineum les avantages de n'avoir pas d'odeur désagréable et de ne pas rendre le bois plus inflammable.

Des *expériences ont été faites en France*, notamment à Nancy, par M. Fromont, chef de section à la Compagnie de Chemins de fer de l'Est, et, d'un autre côté, par M. Henry à l'École forestière.

M. Froment fait des expériences comparatives avec le Carbolineum Avenarius, le Carbolineum supra (contrefaçon du premier) et un mélange de Goudron et de Pétrole. Il imprégnait de chacun de ces liquides trois morceaux de planche de sapin, un quatrième ne subissait aucun traitement. Il les enfonçait en terre et les laissait exposés aux intempéries pendant plus de six ans. En les extrayant du sol, il constatait que les deux derniers morceaux, dont il a été question, étaient complètement pourris, que celui qui était imprégné de Carbolineum supra présentait de grosses taches de pourritures, tandis que l'échantillon traité par le Carbolineum Avenarius était complètement sain.

Depuis cette expérience, M. Fromont convaincu de l'efficacité du carbolineum contre la pourriture des bois en contact avec le sol, c'est-à-dire leur destruction par les champignons, en fait imprégner toutes les poutres ou planchers des rez-de-chaussées des constructions qu'il édifie pour le compte de la Compagnie du chemin de fer de l'Est.

M. Henry a fait de son côté quelques essais à l'École forestière, avec le carbolineum. Il n'y a pas à craindre avec ce produit, dit-il, la dissolution lente des phénols et autres composés utiles solubles, qui se produit sur les bois exposés aux intempéries. Il imprègne les bois avec le carbolineum chauffé à 60 degrés ; dans ces conditions, l'imprégnation est pour ainsi dire instantanée avec les bois de Hêtre et le Cerisier ; il suffit d'une minute pour imprégner une planche de Hêtre dans toute son épaisseur. Avec le Frêne le Chêne et même le Sapin, l'imprégnation est plus lente.

Les faits que nous venons de relater démontrent qu'il est possible de lutter efficacement contre le Merulius, soit en veillant sur les conditions des constructions, soit par l'emploi de certains antiseptiques.

Cette question est d'un intérêt pratique si évident qu'il est utile de poursuivre des essais méthodiques. C'est ce que fait en ce moment en France M. Henry. Voici ce que dit à ce sujet l'éminent professeur de l'Ecole forestière de Nancy :

« Nous installons, en ce moment, à l'Ecole forestière, des expériences relatives à l'efficacité des divers antiseptiques sur les différentes essences employées dans les constructions, à l'influence de l'état de dessiccation du bois, de la durée et du mode d'imprégnation, relatives aussi à leur action sur la constitution du bois et sa résistance à la rupture, de manière à fournir aux architectes, aux entrepreneurs, aux propriétaires, des résultats nets, rigoureux, qui, dégagés de toute attache mercantile, de tout soupçon de réclame, pourront inspirer pleine et entière confiance. » Il faut prendre bonne note de ces promesses et attendre avec confiance les résultats.

Il nous reste un mot à dire concernant :

Le Merulius au point de vue de l'hygiène. — Les opinions sont assez partagées à ce sujet. C'est ainsi que Poleck et quelques auteurs prétendent que la présence de ce champignon dans les maisons peut être la cause de certaines Mycoses de l'homme et des animaux ; Marpmann exprime également l'opinion que les spores inspirées par l'homme peuvent amener des troubles graves de la santé ; il tient même pour très vraisemblable l'existence d'un rapport entre le développement de l'Actinomyces bovis et le Merulius. — Behla (1900 et 1901) admet l'existence d'une liaison entre la présence de ce champignon et la production d'affections cancéreuses.

Quoi qu'il en soit, on a, à ce propos, émis seulement des hypothèses, exprimé de simples opinions, sans donner de démonstrations scientifiques. Il est sans doute plus sage d'admettre, avec

Hartig, que le Merulius n'est pas dangereux directement par lui-même, mais par les gaz dégagés sous son influence lors de la décomposition des bois qu'il engendre, et, plus encore, lorsque son appareil fructifère se décompose à son tour. De plus, la coexistence de nombreuses maladies et du Merulius n'a rien qui doive nous surprendre, étant donné que celui-ci se développe dans des maisons humides et par suite malsaines, dans des maisons d'une hygiène défectueuse. Nous rappelons ici que le mycelium transporte l'eau avec lui et rend humides tous les lieux où il se développe. Il faut se hâter d'assainir en établissant une ventilation active et en ayant recours aux autres moyens de lutte que nous avons préconisés au cours de cette étude.

Laboratoire de Botanique de l'Université de Lyon.

BIBLIOGRAPHIE

SE RATTACHANT A LA QUESTION DU *MERULIUS LACRYMANS*

INDEX

1. — 1845. V. Bühler, *Der laufende Schwamm in den Gebäuden*, Stuttgart 1845.

2. — 1848. Müller, *Uber den Hausschwamm und die Mittel denselben zu vertilgen*, Bremen, 1848.

3. — 1866. Fritzsche, Vollständige Abhandlung über den Hausschwamm. Mit 1 Tafel *(Mittheil. des Sächs. Ingenieurvereins. Heft* IV. Dresden).

4. — 1870. Dorn, Der Holz und Gebäudeschwamm *(Belehrungen über die Entstehungsursachen*, Weimar, 1870).

5. — 1871. Roumeguère, *Note sur deux Hymenomycètes destructeurs des bois ouvrés (Merulius lacrimans* Fr., *Polyparus obducens* Pers) ; *essais de préservation.*

6. — 1871. Roumeguère, Lettre à M. de Schœnefeld ajoutant quelques détails sur le Merule destructeur *(Bulletin de la Société botanique de France*, 1871, t. XVIII).

7. — 1876. Göppert, Uber den Hausschwamm und dessen Bekämpfung *(Vortrag, Iahresbericht der schles. Gesellschaft für vaterl. Kultur.)*

8. — 1877. Zerener, *Beitrag zur Kenntnis, Verhütung und Vertreibung des Hausschwammes*, Magdeburg.

9. — 1878. Hartig, *Die Zersetz ungserscheinungen des Holzes der Nadelholzbäume und der Eiche.* Mit 21 lith. Tafeln in Farbendruck. Berlin. Springer.

10. — 1879. Ph. Schauder, *Uber den Hausschwamm.* Mit 1 Tafel. Inaugural. Dissert. Brelau, 1879.

11. — 1882. A. Keim, *Die Feuchtigkeit der Wohngebäude, der Mauerfrass und Holzschwamm.* Hartlebens verl. 1882.

12. — 1882. Ludwig, *Pilzwirkungen, greiz.*

13. — 1882. Ludwig, Ueber die Rhizomorphabildung der Hausschwammes, *Merulius lacrymans* Fr., und andere Zerstörer unserer Haüser *(Gesellschaft naturforschender Freunde zu Berlin.* Sitzung. vom 17 October 1882. Compte rendu dans le *Botanisches Centralblatt*, t. XII, 1882, p. 318).

14. — 1882. Hartig, *Lehrbuch der Baumkrankheiten*, 1, 2, u. 3 Aufl.

15. — 1883. Göppert, Schlesische Gesellschaft für vaterländische Cultur, botanische Section. Sitzung vom 25 October 1883. (Procès verbal in *Bot. Ctrlbl.*, XVI Bd, 1883, p. 285.)

16. — 1884. Hartig, Botanischer Verein in München, 12 Nov. 1884. (Procès verbal in *Bot. Ctrlbl.*, Bd XXI, 1885, p. 30.)

17. — 1884. Hartig, Die Keimung der Hausschwammsporen, botanischer Verein in München. (Monatssitzung am Mittwoch den 10 dec. 1884, Procès-verbal in *Bot. Ctrlbl.*, t. XXI, 1885., p. 156.)

18. — 1884. Dr Poleck, Versammlung Deutscher naturforscher und Aertze in Magdeburg, 22 September 1884. Procès-verbal in *Bot. Ctrlbl.*, 1885, t. XXI, Bd., p. 381.

19. — 1885. Dr Poleck, Ueber gelungene Cultur-Versuche des Hausschwamms, *Merulius lacrymans*, aus Sporen. Hierzu 2 Holzschnitte. (*Bot. Ctrlbl.*, Bot. XXII, p. 151, 182, 213.)

20. — 1885. Hartig, Robert, *Der ächte Hausschwamm (Merulius lacrymans* Fr.). *Die Zerstörungen des Bauholzes durch Pilze*. 8°. 82 pp., mit 2 Tafeln in Farbendruck. Berlin.

21. — 1885. Göppert H. R., *Der Hausschwamm, seine Entwicklung und seine Bekämpfung*, Nach dessen Tode herausgegeben und vermehrt, von Th. Poleck. Mit Holzschnitten and drei farbigen und einer Lichtdrucktafel. Breslau, 1885.

22. — 1886. Schneider, Schlesischen Gesellsch. f. vaterland Cultur zu Breslau Sitzung vom 11 Februar 1886. Procès-verbal in *Bot. Centrlbl.*, 1886, Bd. XXVI, p. 29.

23. — 1887. Hartig, Die Rotstreifigkeit des Bau-und Blochholzes und die Trockenfaüle. (*Allgmein. Forst. und Jagdzeitung*, 1887, Nov. Heft.)

24. — 1888. Hartig, Trockenfäule und Hausschwamm (*Korrespondenz Blatt des Vereins der Werkmeister Württembergs*).

25. — 1889. Hartig, Die Fällungszeit der Nadelholzbäume im Gebirge. (*Zeitschrift für Forst. und Jagdwesen*, 1889.)

26. — 1889. Fr. Kern. Hausschwamm und Trockenfaüle (*Berichte über alle wichtigen Ergebnisse, Gutachten und Urteile eines in neuerster Zeit geführten Processes*. Halle a. S.)

27. — 1889. Göldner, *Der Hausschwamm und seine nachhaltige Verhütung*. Berlin, 1889.

28. — 1890. Magnus P. Ein bemerkenswerthes Auftreten des Hausschwammes *Merulius lacrymans* (Wulf) Schum. im Freien (*Hedwigia*, 1890. Heft, 3).

29. — 1891. P. Hennings, *Der Hausschwamm und die durch ihn und andere Pilze verursachte Zerstörung des Holzes*, Berlin.

30. — 1891. Gottgetreu, R. *Die Hausschwammfrage der Gegenwart in botanischer, chemischer, technischer und juridischer Beziehung unter Benutzung der in russischer Sprache erschienen Arbeiten* vong. von Baumgarten, frei Bearbeit. 8°. 97 p. mit Holzsch. n. 1 Taf. Abbildungen Berlin (W. Ernst & Sohn) 1891.

31. — 1892. Stettner, Das Antinouin, ein neues Mittel gegen Hausschwamm und andere Pilze *(Suddeutsche Bauzeitung).*

32. — 1895. Prillieux, *Maladies des plantes agricoles*, t. I, p. 369-376. Paris, Firmin-Didot.

33. — 1895. G. Dietrich, *Die Hausschwammfrage vom bautechnischen Standpunkte.* Berlin 1895. 2 Aufl. 1898.

34. — 1898. Wehmer. Kleinere mykologische Mittheilungen II, von D[r] C. Wehmer. V. Eine zweite Sporenform des Hausschwamm mit 2 figuren. *(Centrlbl. f. Bakt, und Parasitenk.* t, IV, II, Abtheil.)

35. — 1898. Czapek, Friedr. Zur Chemie der Holzsubstanz. *(Sitzungsber. d. D. nat. med. v. "Lotos".)*

36. — 1899. Czapek, F. Zur Biologie der holzbewohnenden Pilze. *(Ber. d. deutschen Botanisches Gesellschaft.* 1899. s. 166.)

37. — 1899. Czapek F., Ueber die Sogenannten Ligninreactionen des Holzes *(Zeitschrif. für physiolog. Chemie.* Bd. XXVII, s. 141).

38. — 1900. Czapek F., Congrès international de Botanique à l'Exposition univers. (Extrait du *compte rendu* p. 14-18.)

39. — 1900. Behla, Uber Erblichkeit und deren Prozentsatz beim Krebs. *(Zeitschr. für medizinalbeamte,* 1900. Jahrg. 13.)

40. — 1900. Kohnstamm, Inaugural Dissert., Erlangen.

41. — 1901. Marpmann (Leipzig), Ueber Leben Natur und Nachweiss des Hausschwammes und ähnlicher Pilze auf biologischem und mikroskopisch-mikroschemischem Wege *(Centralblatt fur Bakt, Zweite Abtheil.* VII Bd. N° 22, 7 Nov. 1901, p. 775 à 782.)

42. — 1901. Behla, *Deutsche medizin. Wochenschrift*, n° 19.

43. — 1902. Anonyme, Einiges über den Hausschwamm (*Deutsche landw. Zeitg.*, Jahrg., 29, p. 802, 3. figg.).

44. — 1902. Schorstein Josef. Ingenieur. Wien. Zur Biochemie der Holzpilze *(Ctrlbl. f. Bakter. u. Parasitenk.* Abtheil. II, Bd. IX, p. 446).

45. — 1902. Tubeuf C. V. Beitrag zur Kenntniss des Hausschwamms, *Merulius lacrymans. (Ctrlbl. f. Bakl.*, Abth. II, Heft 3-4).

46. — 1902. Henry E. La lutte contre le Champignon des maisons. Expériences récentes. *(Revue des Eaux et Forêts,* t. XLII, liv. 17, p. 513-521.)

47. — 1902. Dr G. Freiherr von Tubeuf. *Der echte Hausschwamm und andere das Bauholz zerstörende Pilze* von Dr Robert Hartig. zweite Auflage, bearbeitet und herausgegeben von Dr C. Freiherr von Tubeuf, mit 33 zum Teil farbigen Abbildungen in Texte, 105 p. Berlin, Verlag von Julius Springer.

48. — 1903. Dr Möller Alfred. Ueber gelungene Kulturversuche des Hausschwammes *(Merulius lacrymans)* aus seinen Sporen *(Hedwigia*, Bd. XLII, Heft 1, 1903, 14 p.)

TABLE DES MATIÈRES

Lyon. — Imp. A. REY, 4, rue Gentil. — 32870

www.ingramcontent.com/pod-product-compliance
Ingram Content Group UK Ltd.
Pitfield, Milton Keynes, MK11 3LW, UK
UKHW020327220726
13923UKWH00003B/1410